混合动力传动机构研究

袁丽娟◎著

Research on Hybrid Power Transmission Mechanism

中国水利水电出版社

www.waterpub.com.cn

·北京·

内 容 提 要

本书首先对混合动力汽车的工作模式进行简要介绍，并对动力耦合的形式进行了分析，确认了行星齿轮机构为具体的动力耦合方式。针对某重型混合动力汽车在 Matlab 中进行建模仿真，得出数据后导入 Ansys 中进行运动学及动力学分析，分析结果验证了行星齿轮式耦合机构的可靠性，并为机构的进一步优化提供了参考依据。本书结构明了，实用性强，可作为机械及车辆相关专业研究生、教师及研究者的参考资料。

图书在版编目（CIP）数据

混合动力传动机构研究／袁丽娟著 . -- 北京：中国水利水电出版社，2017.11 （2024.8重印）
ISBN 978-7-5170-6007-9

Ⅰ.①混… Ⅱ.①袁… Ⅲ.①传动机构-研究 Ⅳ.①TH132

中国版本图书馆 CIP 数据核字（2017）第 267685 号

责任编辑：陈 洁　　　封面设计：王 伟

书　　名	混合动力传动机构研究 HUNHE DONGLI CHUANDONG JIGOU YANJIU
作　　者	袁丽娟　著
出版发行	中国水利水电出版社 （北京市海淀区玉渊潭南路 1 号 D 座　100038） 网址：www. waterpub. com. cn E-mail：mchannel@ 263. net（万水） 　　　　sales@ waterpub. com. cn 电话：（010）68367658（营销中心）、82562819（万水）
经　　售	全国各地新华书店和相关出版物销售网点
排　　版	北京万水电子信息有限公司
印　　刷	三河市天润建兴印务有限公司
规　　格	170mm×240mm　16 开本　13.25 印张　215 千字
版　　次	2018 年 1 月第 1 版　2024 年 8 月第 4 次印刷
印　　数	0001—2000 册
定　　价	52.00 元

Preface 前言

　　在过去的几十年中，汽车技术得到了迅速的发展，与此行业相关的各个企业也需要做更多的工作以跟上汽车行业发展的脚步。与此同时，许多新科技类著作在汽车的研究中发挥着越来越重要的作用。这些新著作不仅涉及传统整车技术方面，还有很多是电子技术和信息技术方面的。

　　日益恶化的空气以及能源问题，让我们在购买汽车时，做出不同寻常的选择，这也致使汽车行业向清洁能源型发展。混合动力汽车综合了电动汽车和传统内燃机汽车的优点，成为目前业内开发的热点。混合动力汽车同时具有内燃机驱动和电力驱动系统，在不降低常规汽车性能的前提下，逐步实现低油耗和低排放的目标。本书研究对象是混合动力汽车动力耦合机构的关键——行星齿轮机构。在理论分析的基础上对其进行建模仿真并分析其结果。本书主要做混合动力汽车传动系统的一些研究，分析方法和结构安排对于混合动力汽车前期的开发工作具有一定的参考意义。

　　本书首先对混合动力汽车的工作模式和工况进行简要介绍，确定了本书特有的几种工作模式，并对动力耦合的形式进行了分析，确认了本书混合动力汽车的动力具体的耦合方式。对发动机、电动机、发电机三者之间的工作进行分析，得出了行星齿轮耦合机构内行星架、齿圈、太阳轮的运动情况。

　　在对行星齿轮静力学和动力学分析方面，本书在现有数据的基础上，对其加工处理，取数据中的极具代表性的区间段，在扭矩最大的情况下，理论计算齿轮的疲劳强度。基于 SolidWorks Simulation 和 Motion 对其疲劳强度进行静力学和动力学仿真。在理论计算的基础上，分析仿真结果。在对比二者的情况下，分析了行星齿轮耦合机构各个部件的应力极值，得出了理论计算与仿真结果是比较吻合的结论。

作者

2017 年 8 月

Contents 目 录

前言

第1章 概述 ………………………………………………………………… 1

1.1 研究背景及意义 ………………………………………………… 1

1.2 清洁环保型汽车国内外发展现状与趋势 …………………… 3

    1.2.1 纯电动及燃料电池汽车 …………………………………… 5

    1.2.2 混合动力汽车 ……………………………………………… 5

1.3 混合动力系统国内外研究现状及发展趋势 ………………… 6

    1.3.1 混合动力系统研究现状 …………………………………… 6

    1.3.2 混合动力系统的分类 ……………………………………… 7

1.4 本书主要的研究内容与结构安排 …………………………… 9

    1.4.1 本书主要的研究内容及研究对象 ……………………… 9

    1.4.2 基于 Matlab 建立整车模型 …………………………… 10

第2章 基于 SolidWorks 混合动力耦合机构三维建模 ………… 13

2.1 引言 ……………………………………………………………… 13

    2.1.1 SolidWorks 软件概述 ………………………………… 13

    2.1.2 耦合机构概述 …………………………………………… 14

2.2 耦合机构模型的简化 ………………………………………… 15

2.3 混合动力耦合机构建模 ……………………………………… 16

    2.3.1 行星齿轮机构建模方法 ………………………………… 16

    2.3.2 行星齿轮机构的图纸设计 ……………………………… 22

第3章 行星齿轮机构的实体装配 …………………………………… 26

3.1 耦合机构行星齿轮的装配 …………………………………… 26

3.2 电动机和发动机的装配 ·················· 28

3.3 总体的装配 ·················· 28

3.4 爆炸视图 ·················· 29

    3.4.1 建立爆炸视图 ·················· 29

    3.4.2 建立动画爆炸视图和解除 ·················· 30

第4章 行星齿轮机构的工作模式分析 ·················· 31

4.1 研究的工作模式 ·················· 31

4.2 各部件的转速及转矩图绘制 ·················· 32

    4.2.1 爬坡工况下的转速、转矩及功率 ·················· 32

    4.2.2 定速最高75km/h工况下的转速、转矩及功率 ·················· 40

    4.2.3 基本定速跑圈,最高60公里 ·················· 47

    4.2.4 起伏路回车间,频繁换挡 ·················· 54

第5章 混合动力耦合机构的静态分析 ·················· 61

5.1 静态分析的目的和意义 ·················· 61

5.2 行星齿轮机构的理论计算 ·················· 61

    5.2.1 行星齿轮系的传动比及其运动 ·················· 61

    5.2.2 齿轮接触强度计算 ·················· 62

5.3 基于SolidWorks的行星齿轮静力学分析 ·················· 64

    5.3.1 软件操作步骤 ·················· 64

    5.3.2 静力结果评价与分析 ·················· 68

第6章 混合动力耦合机构的瞬态分析 ·················· 70

6.1 瞬态分析及其意义 ·················· 70

6.2 定速60、加速90两种工况的数据及其分析 ·················· 70

6.3 基于Motion的运动学模拟 ·················· 73

    6.3.1 数据的处理 ·················· 73

    6.3.2 软件操作 ·················· 73

6.4 仿真结果分析 ·················· 82

第7章 ADAMS模拟仿真 ·················· 83

7.1 ADAMS的介绍 ·················· 83

7.2 仿真 ·················· 83

    7.2.1 前期处理 ·················· 83

    7.2.2 添加约束 ·················· 85

    7.2.3 添加驱动 ·················· 86

7.2.4 模型仿真 ································· 87

第8章 运用有限元方法对耦合机构进行强度分析 ········· 90

8.1 有限元方法介绍 ······························· 90

8.1.1 ANSYS Workbench 的介绍 ············· 90

8.1.2 ANSYS Workbench 数值模拟的一般步骤 ········· 90

8.2 耦合机构中行星排的强度分析 ··················· 91

8.2.1 静力学方程理论基础 ·················· 91

8.2.2 行星排的静力分析 ··················· 91

8.2.3 结果分析 ························· 99

第9章 ANSYS 动力学分析 ····················· 100

9.1 ANSYS 软件介绍 ··························· 100

9.2 耦合机构的动力学分析 ······················· 101

9.2.1 动力学分析介绍 ····················· 101

9.2.2 耦合机构谐响应分析的理论 ··············· 101

9.2.3 耦合机构模态分析 ··················· 102

9.2.4 耦合机构的谐响应分析 ················· 110

9.2.5 谐响应结果分析 ···················· 117

第10章 本书总结及其展望 ····················· 120

10.1 本书总结 ····························· 120

10.2 该领域未来展望及进一步工作方向 ··············· 120

附录 本书所用的实验数据 ······················· 121

参考文献 ······························· 202

第1章 概述

1.1 研究背景及意义

面对日趋严重的环境恶化与资源短缺问题，要求国家政治、经济、社会发展同资源、环境相互促进、协调可持续发展。这是个世界性的难题，世界各国政府制定了相应的法律法规，汽车生产商们也积极地投入到代用燃料车和电动汽车（包括纯电动和混合电动）领域的研究和开发工作。毋庸置疑的是，清洁型交通是未来的发展大趋势，而低排放环保型汽车将是未来汽车所必须具有的特性。

随着我国经济的飞速增长，人们生活水平的提高，汽车的需求也越来越大，这同时也促使了汽车工业的飞速蓬勃发展。随着汽车数量的持续高速的增加，在能源领域和环境问题上继续会产生严重影响。目前用于汽车的能源消耗约占全世界能源总消费的近四分之一。众所周知，石油是不可再生资源，世界的石油资源日趋匮乏，且石油的急速消耗也加剧了本来就比较严重的环境恶化。能源问题、环境问题都是我们要面临的重要问题，它们涉及我们生活的方方面面，直接影响到国家的安全、社会的稳定以及可持续发展。

当前普遍使用的燃油发动机汽车存在种种弊病，统计表明在占80%以上的道路条件下，一辆普通轿车仅利用了其动力潜能的40%，在市区还会跌至25%，更严重的是排放废气污染环境。20世纪90年代以来，随着全球汽车工业的发展，汽车的产量、销售量和保有量在逐年增加，因此对石油资源的需求、对生态环境的影响也越来越大。世界各国对改善环保的呼声日益高涨，各国制定了一系列十分严格的排放法规，要求生产厂家设法减少汽车排放，开发无污染和超低污染汽车，各种各样的电动汽车也脱颖而出。虽然人们普遍认为未来是电动汽车的天下，但是目前的技术问题阻碍了电动汽车的应用。如今，世界的政治、经济、技术形势发生着迅速的变化，变化的特点是全球化，这就加速了国际间的竞争和合作，变化的推动力是创新，而不是原有的动力。今后50年，全球人口将由60亿增加至100亿，汽车保有量将由7千万增加到2.5亿。如果这些汽车都采用内燃机，那么所需的燃料从何而来？而其排的废气如何处理？因此，我们必须开发清洁、高效、智能的交通车辆，才能使21世纪的交通可持续发展。混合动力汽车由于具有节能、低排放、能源利用多元化的特点，在世界范围内已经成为新型汽车开发的热点。专家估计在未来一段时间内电动汽车还无法取代燃油发动机汽车，为此想出了一个两全其美的办法，开发了一种混合动力汽车装置HEV（Hybrid-electric Vehicle）。

混合动力装置就是将电动机与辅助动力单元组合在一辆汽车上做驱动力，辅助动力单元实际上是一台小型发动机或动力发电机组，这样既利用了发动机持续工作时间长、动力性好的优点，又可以发挥电动机无污染、低噪声的好处。混合动力汽车采用两种或两种以上的能源来提供动力，当前比较普遍的方案是采用发动机和动力蓄电池的组合，动力蓄电池通过提供辅助动力或全部驱动力，另外还能实现能量回收。由于混合动力汽车采用多种能源来提供动力，因此需要采用动力复合装置来有效地实现多种动力的耦合。行星齿轮机构由于具有结构紧凑、传动比大、效率高和工作可靠的优点，在车辆传动和动力复合等方面得到了广泛的应用，所以本书主要研究混合动力耦合机构的工作原理。

汽车的使用对环境产生相当严重的污染。除去直接污染源：一氧化碳、碳氢化合物、氮氧化合物和硫化物以外，还有造成温室效应的二氧化碳，占二氧化碳总排放量的20%多。随着汽车保有量的不断增加，大气污染日益严重。汽车对于生态环境的毁坏也超乎想象，汽车在行驶的过程中，会排放大量的污染物和有害气体，这对于人体健康和生态环境都是一个不小的威胁。据世界卫生组织对60个国家10~15年的监测发现，全球污染最严重的十个城市，中国占8个，中国城市大气中的总的悬浮微粒和二氧化碳含量就全球来讲是最高的，全国的酸雨面积已占国土资源的30%以上，我国因为酸雨和二氧化硫污染造成的损失每年达1100亿元，并导致广泛的疾病。为了缓解这个矛盾，各国政府和机构制定了越来越严格的排放法规。

而从能量损耗方面来讲，现代汽车简直就是在挥霍能源。除去排气损失33%、气缸冷却29%、发动机摩擦损失13%、传动和车桥5.5%以及制动损失7.5%外，只有非常少的12%的能量转化为驱动力传递到车辆的轮胎处。而这传递到轮胎的12%的能量中，其中又有一半加热轮胎、路面和周围空气，只有剩下的6%能给汽车提供前进的动力。当我们考虑到在多数天气情况下需要大部分能量用来加热或制冷车内的空气，所以汽车最终用来运送驾驶人员的能量还不到内燃机燃烧化石能量的 1%。

1.2　清洁环保型汽车国内外发展现状与趋势

国外对清洁环保型汽车的开发与研究早在 20 世纪 70 年代就已经开始了，其最初目的是克服电动汽车的续航能力不足。而当代各个汽车巨头对混合动力汽车的关注是应对日益严重的石油危机和环境恶化。在清洁环保型汽车研发早期，由于电动机、电子控制等技术因素的限制，在那段时间开发的混合动力系统是不成熟的。其后一段时间由于石油危机的消除，人们对清洁环保型汽车的热情随之淡化，投入也相应的减少。而当今时期所必须面对的现状，又让人们开始对混合动力汽车产生了极大的兴趣。从总体来说，清洁环保型汽车的发展历史还处于初期，由于在市场竞争和研究过程中遵循技术保密原则，目前能找到的关于此方面的外文文献大多涉及的是概念层面的研究，很少有对具体参数的选取方法。

我国政府在"九五"期间已将清洁环保型汽车列为重大科技攻关课题。经过十几年的发展，我国混合动力汽车技术与国外仍有较大差距，但是我们的差距在不断缩小，我们取得的成就还是很显著的。在整车和关键零部件乃至上路示范运行方面取得了可喜的成果。在中国，混合动力整车相关单位已达到二十多家，部分为国家"863"资助。为进一步有效推动混合动力汽车的发展，我们需要政府和企业共同努力，根据形势发展适时出台更有力度的措施。同时，汽车厂商自身要降低混合动力汽车的成本，跨国公司要适当地支持自主品牌发展清洁环保型汽车。

根据国家产业技术政策，"十一五"期间，主要在能源、环境、资源等领域，重点开展产业技术的开发。汽车产业方面结合国家能源结构调整战略和排放标准的要求，积极开展电动汽车、车用动力电池等新型动力的研究和产业化，重点发展混合动力汽车技术和轿车柴油发动机技术。国家在科技研究、技术改造、新技术产业化、政策环境等方面采取措施，促进混合动力汽车的生产和使用。

20 世纪 90 年代以来，国外所有知名汽车公司均投入巨资开始进行混合动力汽车的研制和开发，不少样车的主要动力性能指标已达到了燃油汽车的水平。进入 21 世纪后，各国加快了 HEV 的概念产品化的进程，相继推出了不同形式的 HEV 产品，Toyata 的 Prius，Honda 的 Insight，Daimler Chrysler 的 ESX3，Ford 的 Pro digy，Nissan 的 Tino，GM 的 Precept 等都是具有代表性的车型；其中 Prius，Insight 车型都显示出了优良的环保与节能性能，这标志着 HEV 市场的逐渐成熟。随着电动汽车、混合动力汽车性能的日益提高以及其成本的不断降低，混合动力汽车的市场份额逐渐增大，已成为重点发展的新型汽车。

目前，我国在新能源汽车的自主创新过程中，坚持了政府支持，以核心技术、关键部件和系统集成为重点的原则，确立了以混合电动汽车、纯电动汽车、燃料电池汽车为"三纵"，以整车控制系统、电机驱动系统、动力蓄电池/燃料电池为"三横"的研发布局，通过产学研紧密合作，我国混合动力汽车的自主创新取得了重大进展，并已经基本掌握了混合动力汽车关键零部件和动力系统平台，建立了相关技术标准和测试能力，汽车混合动力技术已进入科研向产业化转型的关键时期。

混合动力汽车既保持了电动汽车超低排放的优点，又发挥了传统内燃机汽车高比能量的长处，因此混合动力汽车代表着 21 世纪初汽车工业发展的一个重要方向。与传统型汽车相比，混合动力汽车充分吸取了电力/热力系统中最大的优势，在节能和排放上胜出一筹；与纯电动汽车相比，HEV 的电压和功率等级与电动车类似，但蓄电池容量大大减小，因而其造价成本低于电动汽车。HEV 在近 20~30 年内会很有发展前景，这一点是毫无疑问的。汽车行业专家预言，随着混合动力汽车性能的日益提高以及其成本的不断降低，其市场份额正逐步增大，不久的将来，新生产的汽车中 HEV 将占 40% 以上，与传统燃油汽车分享市场。国内混合动力汽车正处于样车试制阶段，已开发出混合动力轿车、混合动力中巴车、混合动力大客车样车，而国外日本等少数国家汽车制造商已开始了逐年增长的小批量商业化生产，并正在广泛进入世界市场。我国的汽车工业应在国外产品涌入之前，集中科研力量攻关，迅速开发出自己的产品。

目前对新型环保汽车研究主要集中在三类：燃料电池汽车、混合动力电动汽车、纯电动汽车。纯电动汽车和燃料电池汽车由于基础设施与技术的限制，近一段时间内要想实现商业化生产是很不现实的，所以这两种方案仅仅能作为未来汽车发展的长期目标。而混合动力汽车结合了传统汽车和电动汽车的优势，综合来说，技术性、环保性都是它的优点，且实现难度较小，是世界各国汽车行业近期发展的主要方向。

1.2.1　纯电动及燃料电池汽车

纯电动汽车虽然是满足"零排放"要求的首选方案，然而其关键技术受电池和与电池相关的控制技术的制约，电动汽车的性价比远远达不到市场推广使用的要求，其主要障碍有以下三点。

1）同样性能的纯电动汽车其造价是传统内燃机汽车的 2.5 倍。而且相应充电站等配套基础设施需要巨大的投资，占电动汽车成本近 40% 的电池组价格十分昂贵，其频繁使用或更换的成本难于被当今的人们所接受。

2）目前没有一种能源可以提供足够高的能量，使得纯电动汽车的性能完全能与燃油汽车相匹配，导致其一次充电的续驶里程非常低而且动力性能达不到当前的内燃机汽车所能达到的动力水平。

3）电动汽车内部相应电器设备的选取必须充分考虑能量消耗对于电动汽车续驶里程的影响，车内布局受到影响，这样就制约了汽车的舒适性，同时也极大地限制了驾驶员的乘驾乐趣。

虽然燃料电池汽车被公认为当今世界电动汽车发展的最终方向，而且世界各国的汽车巨头以及中国在内的国家级的科研机构已经推出了几代概念性的样车，但是目前仍存在着许多技术性的难题，近期实现大规模产业化的目标难度巨大。

1.2.2　混合动力汽车

混合动力汽车一般是指在一辆车中同时采用电动机和内燃机驱动，外加蓄电池储能的电动汽车，属于油电混合动力的车型。世界各大汽车厂商的开发热点也从以纯电动汽车为代表的"零排放"汽车转向以混合动力为代表的超低排放汽车（Ultra-Low Emission Vehicle，U-LEV），混合动力汽车融合了传统内燃机汽车和纯电动汽车的优点，被世界的汽车生产厂商公认为最佳的过渡产品。与传统燃油汽车相比较，混合动力电动汽车采用传统燃料，同时配有电动机来改善低速动力输出和燃油消耗。随着控制领域的发展和发动机工况的优化，混合动力汽车在系统效率和整车的节油率上将得到大的提升。现阶段新能源汽车的发展前景是非常可观的。

1.3 混合动力系统国内外研究现状及发展趋势

1.3.1 混合动力系统研究现状

混合动力汽车（HEV）是指将内燃机和动力单元（APU）共同作为动力源的汽车，并通过先进的控制系统使其两者的优势充分地结合，以改善汽车的整体性能。目前其主要形式是内燃机外加蓄电池，这种方案弥补了以往纯电动汽车电池储能的不足，克服了纯电动汽车充电一次续航里程不足的缺点，同时还可以达到节能减排的目的。在成本、节能、动力性等方面提供了更为广泛的发展空间，所以混合动力汽车有着广阔的市场前景，其主要技术实现体现在以下方面。

1）城市工况下主要以纯电动驱动整车系统工作，发动机尽量是在最佳工况下工作或者是停止工作达到"零"排放。

2）发动机优良配置。低排量带来的低排放；尽量保持最佳的工况和尽量减少低速下运行，以实现节能燃烧和减少排放。

3）先进的能量转换技术以及电控系统使电动机和发动机驱动系统依据不同路况的要求分别工作或者同时工作来驱动车辆的行驶，大大地提高了汽车的机动性能和燃油经济性。

4）再生制动的能量回收是混合动力的一个重大特点。

混合动力汽车是传统燃油汽车和纯电动汽车的最佳结合方案，是综合两种驱动系统、充分发挥其最大功能的创新动力系统，它的显而易见的综合优势有以下几点。

1）发动机主要以高负荷工作（在经济性较好的区域），与传统车相比可以显著地降低发动机的排量，油耗可降低 30% 左右。

2）排放量也随之降低。丰田公司的测试数据表明，混合动力汽车与传统的汽油车相比，CO_2 的排放量可降至后者的 53%，CO、HC 和 NOx 则能达到原车的 12%。

3）混合动力汽车的电池既可以通过外部电源用 220V 的交流电充电，亦可以直接通过发动机充电，使用起来较为方便，大大地降低了其制造成本和使用成本。

4）综合了内燃机系统和蓄电池电动机/发电机系统的共同优势，克服了纯电动汽车在寿命、电池能量以及价格等方面的缺陷。

基于以上几点优点，混合动力汽车被国内外汽车行业专家、学者普遍认为是目前最具有开发潜力和价值的交通工具。

1.3.2 混合动力系统的分类

根据混合动力驱动的联结方式，混合动力系统主要分为以下三类。

一是串联式混合动力系统（SHEV），串联式混合动力系统是由内燃机直接带动发电机发电，产生的电能全部通过控制单元传到电池，再由电池给电机为动供能，最后通过变速机构来驱动汽车。在这种联结方式下，电池就像一个水库，只是调节的对象不是水量而是电能。电池对在发电机产生的能量和电动机需要的能量之间进行调节，从而保证车辆正常工作。SHEV 的特点是发动机工作点不受车辆的实际工况影响可以保持发动机在低能耗、高效率和低污染的状态下运转，但二次能量转换影响了它的总体节能效果。这种动力系统在城市公交上的应用比较多，轿车上很少使用。

二是并联式混合动力系统，并联式混合动力系统有两套驱动系统：传统的内燃机系统和电机驱动系统。两个系统既可以同时协调工作，也可以各自单独工作驱动汽车。这种系统适用于多种不同的行驶工况，尤其适用于复杂的路况。该联结方式结构简单，成本低。本田的雅阁和思域采用的是并联式联结方式。

三是混联式混合动力系统。混联式混合动力系统的特点在于内燃机系统和电机驱动系统各有一套机械变速机构，两套机构或通过齿轮系，或采用行星轮式结构结合在一起，从而综合调节内燃机与电动机之间的转速关系。与并联式混合动力系统相比，混联式动力系统可以更加灵活地根据工况来调节内燃机的功率输出和电机的运转。这种联结方式系统复杂，成本高。丰田的 Prius 采用的是混联式联结方式。

2007—2009 年，除丰田以外的国外其他各大汽车生产公司也相继推出了多种混联式混合动力车型，如表 1.1 所示。

表 1.1 混合动力车型

生产厂家	品牌	车型	上市时间
通用雪弗兰	Malibu	中型混合动力轿车	2007
通用雪弗兰	Tahoe	SUV	2007
通用汽车	Yukon Hybrid	SUV	2007
马自达	Tribute Hybrid	SUV	2007

生产厂家	品牌	车型	上市时间
克莱斯勒	Silverado Hybrid	大型混合动力皮卡	2008
福特	Fusion	中型混合动力轿车	2008
通用汽车	Sierra Hybrid	大型混合动力皮卡	2008
Mercury 公司	Milan Hybrid	中型混合动力轿车	2008
德国宝马公司	BMW X3 X6	SUV	2009
克莱斯勒	Equinox	SUV	2009

根据在混合动力系统中电机的输出功率在整个系统输出功率中占的比重，也就是常说的混合度的不同，混合动力系统还可以分为以下四类。

一是微混合动力系统。代表的车型是 PSA 的混合动力版 C3 和丰田的混合动力版 Vitz。这种混合动力系统在传统内燃机上的启动电机（一般为 12V）上加装了皮带驱动启动电机（也就是常说的 Belt-alternator Starter Generator，简称 BSG 系统）。该电机为发电启动（Stop-Start）一体式电动机，用来控制发动机的启动和停止，从而取消了发动机的怠速，降低了油耗和排放。从严格意义上来讲，这种微混合动力系统的汽车不属于真正的混合动力汽车，因为它的电机并没有为汽车行驶提供持续的动力。在微混合动力系统里，电机的电压通常有两种：12V 和 42V。其中 42V 主要用于柴油混合动力系统。

二是轻混合动力系统。代表车型是通用的混合动力皮卡车。该混合动力系统采用了集成启动电机（也就是常说的 Integrated Starter Generator，简称 ISG 系统）。与微混合动力系统相比，轻混合动力系统除了能够实现用发电机控制发动机的启动和停止，还能够实现：①在减速和制动工况下，对部分能量进行吸收；②在行驶过程中，发动机等速运转，发动机产生的能量可以在车轮的驱动需求和发电机的充电需求之间进行调节。轻混合动力系统的混合度一般在 20% 以下。

三是中混合动力系统。本田旗下混合动力的 Insight，Accord 和 Civic 都属于这种系统。该混合动力系统同样采用了 ISG 系统。与轻度混合动力系统不同，中混合动力系统采用的是高压电机。另外，中混合动力系统还增加了一个功能：在汽车处于加速或者大负荷工况时，电动机能够辅助驱动车轮，从而补充发动机本身动力输出的不足，更好地提高整车的性能。这种系统的混合程度较高，可以达到 30% 左右，目前技术已经成熟，应用广泛。

四是完全混合动力系统。丰田的 Prius 和未来的 Estima 属于完全混合动力系统。该系统采用了 272-650V 的高压启动电机，混合程度更高。与中混合动力系统相比，完全混合动力系统的混合度可以达到甚至超过 50%。技术的发展将使得完全混合动力系统逐渐成为混合动力技术的主要发展方向。

以上各种不同的混合方式，都能在一定程度上降低成本和排放。各大汽车厂商在过去的十几年，通过不断地研发投入，试验总结，商业应用，形成了各自的混合动力技术之路，而在市场上的表现也是各具特色。

1.4 本书主要的研究内容与结构安排

1.4.1 本书主要的研究内容及研究对象

混合动力汽车的关键技术之一是对应不同工况的多种能源的耦合问题，而行星齿轮传动技术能很好地解决这一问题。一般来说混合动力汽车有四种不同的工作模式，如表 1.2 所示。

表 1.2 工作模式

车辆状态	发动机	电机	工作模式
停车	关闭	断电	空挡
小负荷	关闭	驱动	纯电动
大负荷	开启	驱动	混合驱动
制动	关闭	发电	再生制动

本书主要研究的是定速 60、加速 90 两种工况。

本书主要的研究对象为混合动力汽车的耦合机构。它来自于混联型混合动力汽车，其参数如表 1.3 所示。

表 1.3 混合动力车型主要参数

参数	数值
车辆整备质量 m/kg	2100
轮胎滚动半径 r_d/m	0.59
发动机功率 P_{e_N}/kW	300

参数	数值
发动机最高转速 $n_{e\_max}/(r \cdot min^{-1})$	2100
发电机额定功率 P_{g_N}/kW	150
电动机额定功率 P_{m_N}/kW	165
电动机额定转矩 $T_{m\_N}/(N \cdot m)$	450
电池容量 $C/(A \cdot h)$	100
1 挡传动比 i_1	8.054
2 挡传动比 i_2	2.971
3 挡传动比 i_3	1
后传动传动比 i_r	9.052

1.4.2 基于 Matlab 建立整车模型

Matlab 是一个高级的矩阵/阵列语言，Matlab 是美国 MathWorks 公司出品的商业数学软件，主要包括 Matlab 和 Simulink 两大部分。Matlab 主要应用于工程计算、控制设计、信号处理与通信、信号检测等领域。

本书使用了 Matlab 软件中的"Simulink Toolbox——动态仿真"工具箱中的 SimDriveline 模块和 SimPowerSystems 模块。利用该工具箱中的 SimDriveline 模块，使用面向对象的模块化建模方法建立了发动机、离合器、电机等部件，并对其进行了封装，建立了整车模型。利用该工具箱中的 SimPowerSystems 模块，将建立好的整车模型，利用 SimPowerSystems 模块元件库中提供电气设备和元件，如电机、传输线、串联、并联、电压和电流等，像搭建电路一样，模块之间通过接口变量交换相互作用信息，最后组合成整车的仿真模型，得到的整车模型，如图 1.1 所示。

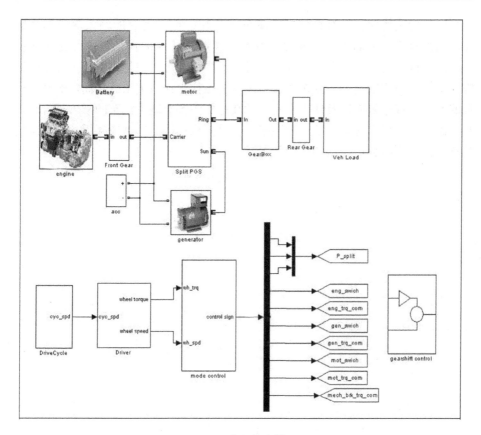

图 1.1　前向整车模型

　　耦合机构如图 1.2 所示，它由 1 个太阳轮、一个行星架、一个齿圈和 4 个行星轮组成。除行星轮外，每一个行星机构部件都与车辆的动力系统直接或间接相连。所有元件不固定的情况下具有两个自由度，利用这一特点，可以把两个运动合成一个运动。

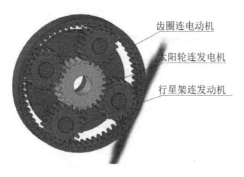

图 1.2　动力耦合机构

　　行星齿轮传动也具有良好的功率分流作用。而它具有的输入输出的同轴性、结构紧凑、传动比大、承载能力大等优点是普通的定轴齿轮所无法比拟的，因此行星齿轮在混合动力汽车上得到了广泛应用。但是由于行星齿轮的结构和工作状态比较复杂，其振动和噪声问题往往也比较突出，从而影响到了运行的精度、传递效率以及使用寿命。尤其是作为混合动力汽车的动力耦合部件时，由于电动机系统的振动激励频率与行星机构的固有频率较接近，相对于传统汽车，应用时会产生新的振动问题。

第2章 基于 SolidWorks 混合动力耦合机构三维建模

2.1 引言

上一章已经初步介绍过了，混合动力汽车耦合机构的核心部件是行星齿轮机构，它通过自身的特点可以实现动力的耦合以满足汽车在不同工作情况下的动力需求，实现能源的高效利用，本章就是对行星齿轮机构的三维实体建模。

2.1.1 SolidWorks 软件概述

SolidWorks 公司成立于 1993 年，由 PTC 公司的技术副总裁与 CV 公司的副总裁发起，总部位于美国的马萨诸塞州。当初它的目标是希望为每一个工程师的桌面提供一套具有生产能力的实体模型设计系统。该公司从 1995 年推出第一套 SolidWorks 三维机械设计软件，至 2010 年已经拥有位于全球的多个办事处，并经由 300 家经销商在全球 140 个国家进行销售与分销该产品。1997年，SolidWorks 公司被法国达索（Dassault Systemes）公司收购作为达索中端主流市场的主打品牌。

SolidWorks 软件是世界上第一个基于 Windows 开发的三维 CAD 系统，由于技术创新符合 CAD 技术的发展潮流和趋势，SolidWorks 公司于两年间成为 CAD/CAM 产业中获利最高的公司。良好的财务状况和用户支持使得 SolidWorks 每年都有数十乃至数百项的技术创新，公司也获得了很多荣誉。该系统在 1995—1999 年获得全球微机平台 CAD 系统评比第一名；从 1995 年至今，已经累计获得十七项国际大奖，其中仅从 1999 年起，美国权威的 CAD 专业杂志 CADENCE 连续 4 年授予 SolidWorks 最佳编辑奖，以表彰 SolidWorks 的创新、活力和简明。至此，SolidWorks 所遵循的易用、稳定和创新三大原则得到了全面的落实和证明，使用它，设计师大大缩短了设计时间，产品快速、高效地投向了市场。

SolidWorks 软件功能强大，组件繁多，本书主要使用 silimution 和 motion 对模型进行仿真计算。功能强大、易学易用和技术创新是 SolidWorks 的三大特点，它们使得 SolidWorks 成为领先的、主流的三维 CAD 解决方案。SolidWorks 能够提供不同的设计方案、减少设计过程中的错误以及提高产品质量。SolidWorks 不仅提供如此强大的功能，同时对每个工程师和设计者来说，操作简单方便、易学易用。

2.1.2 耦合机构概述

对于混合动力汽车，这里所说的耦合，是指多种动力源的耦合。根据车辆的具体使用情况，由控制系统控制，使车辆在高燃油经济性能上工作。其结构如图 2.1 所示。

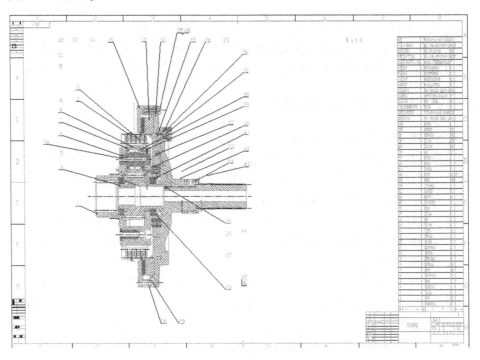

图 2.1 耦合机构总成图纸

由图中可以看出，其核心部件是行星轮系。齿轮传动是应用极为广泛的一种传动，齿轮传动平稳，传动比精确，工作可靠，效率高，寿命长。为保证齿轮传动的精确性，在齿轮传动设计中，对齿轮的精确建模显得十分重要。以《机械原理》为标准，行星齿轮属于周转轮系，定义为：在轮系运转时，其中至少有一个齿轮轴线的位置不固定，是绕着其他齿轮的固定轴线回转，这种轮系为周转轮系。根据自由度的不同，又可分为差动轮系（自由度为 2）和行星轮系（自由度为 1）。本章主要是针对差动轮系的研究。其基本结构如图 2.2 所示。图中 c、r、s、p 分别代表行星架、齿圈、太阳轮、行星轮。

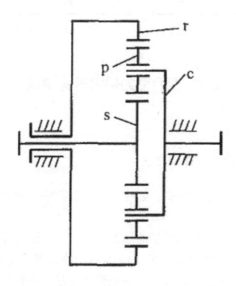

图 2.2　耦合机构原理图

2.2　耦合机构模型的简化

如图 2.3 所示，耦合机构实际模型较为复杂，行星盘与行星齿轮轴需要装配，在此基础上还要加装轴承，才能套上行星齿轮。这样会导致行星齿轮强度降低，不利于对整个耦合机构应力与应变的分析，于是我们将其简化，认为行星齿轮轴与行星盘是一体的，是整体的行星架，且不考虑它与行星轮的旋转副摩擦，去掉行星齿轮轴上的轴承，去掉齿轮上的轮毂，统一齿宽。

图 2.3　耦合机构模型

经过简化，得出机构中各齿轮参数如表2.1所示。

表2.1　简化后机构中各齿轮参数

	太阳轮	行星轮	齿圈
齿数	25	19	63
模数	3	3	3
齿宽	30	30	30

2.3　混合动力耦合机构建模

2.3.1　行星齿轮机构建模方法

目前，齿轮建模方法有很多，如描点法、参数法、利用插件法等。

1）描点法

描点法是构建齿轮参数化模型通用的方法，其建模过程一般为：首先建立赤轮曲线的数学模型，求取曲线点上的坐标，然后根据坐标值描述出曲线草图，最后通过各种三维建模软件的三维建模功能建立齿轮的三维模型。它可以推广至各种不同齿廓曲线的建模，只要建立相应的齿廓曲线的数学模型，利用计算软件求得一系列离散点的坐标值，在三维造型软件中描点绘出齿廓曲线草图后，进行拉伸或者切除等命令即可得到齿轮的三维模型。其建模过程比较烦琐，但只要树立精确的数学模型，多取些值点就可以获得较高的曲线精度，从而提高三维建模的精度。

2）参数法

参数法是利用描点法中论述的相应的齿廓曲线算法编写程序，建立一个通用的齿轮模板文件。在进行齿轮建模时只需调用相应的模板文件，通过修改相应参数，自动生成所需的齿轮模型。此种建模方法因模板文件已将描点法中的分析曲线、建立数学模型、计算型值点坐标等过程编写成程序内置，故其界面比较简单。对于常用的标准齿轮建模，只要精度要求不是很高，采用这种方法很方便，用户只需输入参数，就可方便迅速地建立所需的齿轮模型。

3）利用插件法

利用插件法是一种非常便捷的齿轮建模方法。现在的三维建模软件大多提供了丰富的数据接口，目前市场上有很多发展成熟的第三方插件可用，以迈迪工具集为例，其功能强大而且易学易用，用户只需在相应页面中设置好齿轮参数后，点击生成即可完成齿轮三维模型的绘制。

本书用的是 SolidWorks 的一个插件——迈迪工具集。该工具集为济南迈迪数码技术有限公司开发的 SolidWorks 标准件库。它增加了渐开线齿轮自动生成工具；除了标准件库外，还集成了齿轮生成工具、链轮、带轮、法兰生成工具等生成复杂零件的工具，使该软件的功能十分强大。

2.3.1.1　各齿轮参数

在建模前首先对各个齿轮的设计数据进行计算，设计前已有数据：模数 $m=3$，太阳轮齿数 $z_1=25$，行星轮齿数 $z_2=19$，齿圈齿数 $z_3=63$。由公式：分度圆直径 $d=mz$，齿顶圆直径 $d_a=mz+2m$。

表 2.2　行星轮系中各齿轮的设计数据

齿轮号	太阳轮 1	行星轮 2（4 个）	齿圈 3
模数 m	3		
齿数 z	25	19	63
分度圆直径 d	75	57	189
齿顶圆直径 d_a	81	63	195

2.3.1.2　对行星齿轮的建模

在 SolidWorks 中对渐开线齿轮进行建模时，时常会发生误差，从而对齿轮的后续装配产生影响，虽然目前有许多种齿轮的建模方法，基于方便的原则，本书采用迈迪工具集直接生成齿轮的方法进行建模。

其步骤为：

（1）打开迈迪工具集，选择设计工具——齿轮工具，出现图 2.4 所示对话框，点击设计参数，在实际齿数比中填入 25∶19，模数选择 3，齿宽选择 32，然后点击生成齿轮 1，出现如图所示对话框，点击确定生成太阳轮模型，点击保存并关闭；点击生成齿轮 2，按上述步骤，生成行星轮模型，点击保存并关闭。

（2）重复步骤（1），在图 2.4 对话框中选择内啮合，在齿数比中输入 19∶63，其余数据按步骤（1），点击生成齿轮2，生成齿圈模型，点击保存关闭，再打开图2.5的对话框设计齿轮结构。

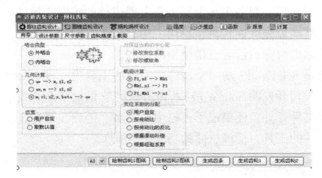

图2.4 迈迪齿轮设计对话框

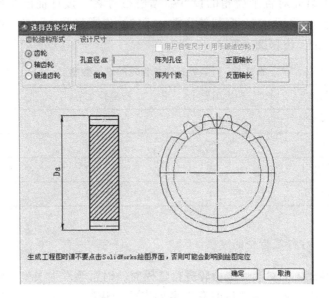

图2.5 选择齿轮结构对话框

太阳轮   行星轮   齿圈

图2.6 太阳轮、行星轮、齿圈模型

（3）打开太阳轮零件，选中左端面，打开草图绘制，绘制一个直径为 54mm 的圆，退出草图，点击拉伸凸台/基体，方向选择左方，深度选择 3mm，点击确定；再在拉伸出的端面上画一个直径为 46mm 的圆，点击拉伸，方向选择左方，深度选择 11mm，点击确定。旋转视图，点击太阳轮的右端面，打开草图绘制，绘制一个直径为 52mm 的圆，退出草图，点击拉伸凸台/基体，方向选择右方，深度选择 12mm，点击确定；再在拉伸出的端面上画一个直径为 46mm 的圆，点击拉伸，方向选择右方，深度选择 27mm，点击确定。在左端面上绘制一个直径为 34mm 的圆，点击拉伸切除，方向选择为右，深度选择 31mm，点击确定；在拉伸切除出来面上绘制直径为 38mm 的圆，点击拉伸切除，深度选择 10mm，点击确定；在拉伸切除出来的面上绘制直径为 34mm 的圆，点击拉伸切除，选择完全贯穿，点击确定；在外圆面上绘制键槽草图形状的圆，点击拉伸切除，形成键槽。点击 Displaymanager 进行外观设置，点击查看布景、光源和相机键，单击布景，单击背景，选择外观，选择金属—钢—抛光钢，点击查看外观，右键颜色，点击编辑外观，选择绿色，点击确定。点击保存，太阳轮此时已按照图纸建模完毕，见图 2.6 太阳轮。

（4）打开行星轮零件，选中左端面，在面上绘制直径为 35mm 的圆，点击拉伸切除，选择完全贯穿，点击确定；在外圆面上绘制键槽草图形状的圆，点击拉伸切除，形成键槽。重复上述步骤的外观设计，行星轮建模完成，见图 2.6 行星轮。

（5）打开齿圈零件，重复上述步骤的外观设计，建立齿圈模型。见图 2.6 齿圈。

（6）新建一零件图，按照图纸画出图 2.7 所示草图，点击旋转凸台/基体，生成一模型，在左端面上距离圆心 66mm 处绘制一直径为 18mm 的圆，点击切除拉伸，选择完全贯穿。点击圆周阵列，阵列轴选择外圆，实例数选择 4，要阵列的特征选择切除拉伸，点击确定。重复上述步骤的外观设计，行星架模型建立。

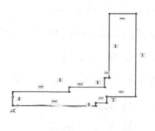

图 2.7　行星架模型草图

（7）新建一零件图，绘制一直径为 24mm 的圆，点击拉伸凸台/基体，选择两侧对称，深度选择 29mm，点击确定；在左端面绘制一直径为 18mm 的圆，点击拉伸切除，给定深度 12mm，方向向右，点击确定；在右端面绘制直径为 18mm 的圆，点击拉伸切除，给定深度 12mm，方向向左，点击确定。重复上述步骤的外观设计，行星轮轴模型建立，见图 2.8。

太阳轮   行星轮   行星轮轴

行星架   齿圈

图 2.8 行星轮轴模型组成

2.3.1.3 其他部件的建模

1. 电动机的建模

（1）新建一零件图，选择前视基准面，绘制如图 2.9 草图，点击旋转拉伸凸台/基体，点击确定，生成一实体；选择前视基准面，绘制一长 170mm、宽 65mm 的矩形，点击旋转切除，点击确定；点击等轴测，选择右视基准面，绘制一底部和旋转面重合的弧形草图，点击拉伸凸台/基体，深度选择 100mm，点击确定，生成一凸台；点

图 2.9 电动机草图

击等轴测，选择右视基准面，绘制一底部和旋转面重合直线弧形草图，点击拉

伸凸台/基体，深度选择 150mm，点击确定，生成棱台；点击圆周阵列，阵列轴选择外圆，实例数选择 8 个，要阵列的特征选择凸台拉伸生成的棱台，点击确定，把和凸台重叠的棱台删除；在右端面绘制一直径为 150mm 的圆，选择拉伸凸台/基体，深度选择 10mm，点击确定；在生成的右端面绘制一直径为 40mm 的圆，点击拉伸切除深度选择 180mm，点击确定。重复上述步骤的外观设计，电动机外壳模型建立，见图 2.10。

图 2.10   电动机外壳模型

（2）新建一零件图，选择前视基准面，绘制一直径为 40mm 的圆，点击拉伸凸台/基体，深度选择 400mm，点击确定；在外圆面上绘制键草图形状的圆，点击拉伸凸台/基体，形成键。重复上述步骤的外观设计，电动机轴模型建立，见图 2.11 所示。

图 2.11   电动机轴模型

2. 发动机的建模

（1）新建一零件图，选择前视基准面，画如图 2.12 所示的草图；选择右试基准面，绘制一直径为 2mm 的圆；点击扫描曲面，在轮廓和路径中轮廓选择圆，路径选择所绘制草图，点击确定；选择右视基准

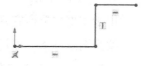

图 2.12   发动机草图

面，绘制一长 150mm、宽 100mm 的矩形，点击拉伸凸台/基体，深度选择 100mm，点击确定；选择上平面的四条边，选择圆角为 5mm，点击确定；点击阵列（线性），阵列方向选择所绘制的矩形的长，间距选择 15mm，实例数选择 3，要阵列的实体选择曲面—扫描 2，点击确定；在左端面绘制一直径为 60mm 的圆，点击切除—拉伸，选择完全贯穿，两个方向，点击确定；重复上述步骤的外观设计，发动机模型建立，见图 2.13 所示。

图 2.13   发动机模型

（2）新建一零件图，选择前视基准面，绘制一直径为 60mm 的圆，点击拉伸凸台/基体，深度选择 350mm，点击确定；选择前视基准面，在左端面上绘制如图 2.14 所示草图，点击拉伸凸台/基体，深度选择 10mm，点击

图 2.14   发动机轴草图

确定；点击圆周阵列，阵列轴选择拉伸出来的圆，实例数选择 8，要阵列的特征选择上面的拉伸实体，点击确定；在外圆面上绘制键草图形状的圆，点击拉伸凸台/基体，形成键。重复上述步骤的外观设计，发动机轴模型建立，见图 2.15 所示。

图 2.15　发动机轴模型

3. 发电机的建模

由于发动机和太阳轮连接，所需尺寸较小，因此所建发动机只是一较小的圆柱形模型。新建一零件图，点击前视基准面，绘制一直径为 34mm 的圆，点击拉伸凸台/基体，深度选择 25mm，点击确定；在拉伸出来的右端面上绘制一直径为 37mm 的圆，点击拉伸凸台/基体，深度选择 5mm，点击确定；重复上述步骤的外观设计，发电机轴模型建立，见图 2.16。

图 2.16　发电机轴模型

4. 离合器的建模

由于本书主要研究耦合部分的结构，所以对离合器的建模只做大概介绍。

按照图纸把离合器拆分为压盘、活塞、从动件、摩擦片、活塞、轴承等几部分，由 CAD 图纸在 SolidWorks 中绘制所示草图，然后依次旋转拉伸生成实体，轴承、螺钉和螺栓由迈迪工具集选择标准件，最后按照图纸进行装配，生成如图 2.17 所示模型。

2.3.2　行星齿轮机构的图纸设计

图 2.17　离合器模型

利用 CAD 软件对太阳轮、行星轮、齿圈、行星架和行星轮轴等主要零件进行 CAD 绘图，得到图 2.18 所示各个零件图：

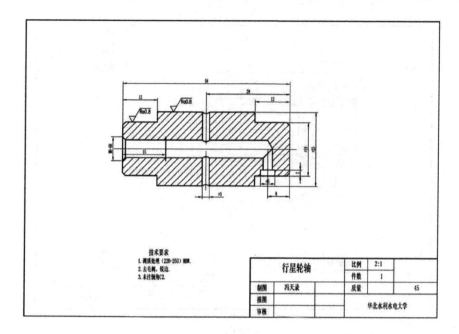

（a）

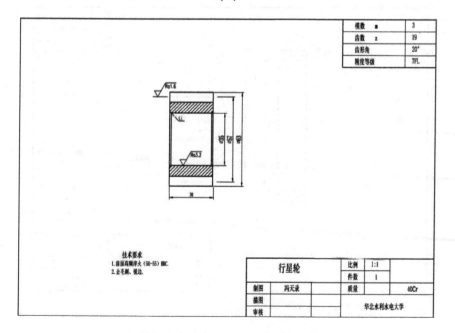

（b）

图 2.18　行星齿轮机构图纸

模数	m	3
齿数	z	25
齿形角		20°
精度等级		7FL

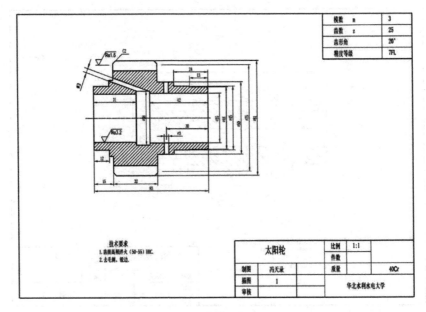

技术要求
1. 齿面高频淬火（50-55）HRC.
2. 去毛刺、锐边.

太阳轮		比例	1:1
		件数	
制图	冯天录	质量	40Cr
描图	1		
审核		华北水利水电大学	

(c)

模数	m	3
齿数	z	63
齿形角		20°
精度等级		7FL

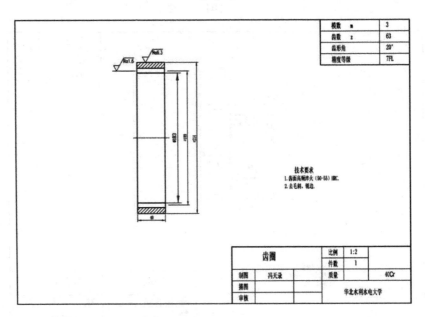

技术要求
1. 齿面高频淬火（50-55）HRC.
2. 去毛刺、锐边.

齿圈		比例	1:2
		件数	1
制图	冯天录	质量	40Cr
描图			
审核		华北水利水电大学	

(d)

图 2.18（续） 行星齿轮机构图纸

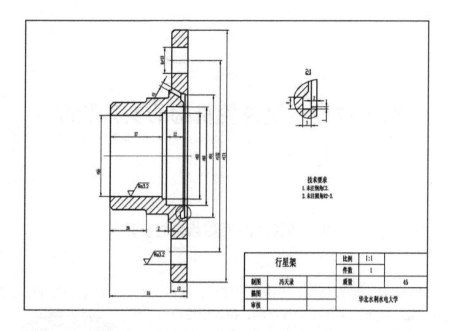

（e）

图 2.18（续）　行星齿轮机构图纸

第3章 行星齿轮机构的实体装配

3.1 耦合机构行星齿轮的装配

（1）新建一装配体图，点击插入零件，选择太阳轮，右键点击特征树下的太阳轮，在下拉菜单中选择浮动，使太阳轮可以移动；点击插入零部件，选择齿圈，选择太阳轮和齿圈的两个端面，选择配合，点击重合，确定。分别选择两个零件的圆边线，点击配合，点击同心，确定，图3.1为行星齿轮机构装配。

图 3.1　行星齿轮机构装配

（2）点击插入零部件，插入行星架，点击行星架的右端面和齿圈的左端面，点击配合，选择重合，点击确定；选择行星架左端的圆边线和太阳轮的圆边线，选择配合，选择同心，点击确定。

（3）打开设计库，选择 Toolbox 中的 GB—垫圈和挡圈—平垫圈，选择小垫圈-A 级 GB/T848-1985，设置属性大小为 M12。选择垫圈的基准轴和小周的基准轴，选择重合按钮；选择垫圈的端面和转盘的端面，选择重合按钮。

（4）继续打开设计库，重新选择两个垫片，配合在另外两个小轴上，属性和装配步骤与步骤（3）相同。

（5）点击插入零部件，点击上面的保持可见性，选择行星轮，插入 4 个，点击行星轮的左端面和齿圈的左端面，点击配合，选择重合，确定；点击行星轮的圆边线和行星架孔的圆边线，点击配合，选择同心，确定；重复上述的步骤，将另外 3 个行星轮装配进去，图3.2 为装配好的行星齿轮机构。

图 3.2　装配好的行星齿轮机构

（6）打开干涉按钮，计算是否发生干涉；若发生干涉，检查干涉放生在哪里，并进行修改。

（7）点击插入零部件，选择行星轮轴，插入 4 个，点击行星轮轴的左端面和行星架的左端面，点击配合，选择重合，确定；点击行星轮轴的圆边线和行星架孔的圆边线，点击配合，选择同心，确定；重复上述的步骤，将另外 3 个行星轮轴装配进去。

（8）点击插入零部件，选择另外一个架子，点击行星轮轴的右端面和架子的右端面，点击配合，选择重合，确定；点击行星轮轴右端面的圆边线和架子上圆孔的圆边线，点击配合，选择同心，确定；重复上述的步骤，将另外 3 个行星轮轴和架子上的孔进行装配。右键点击架子，选择隐藏，使架子隐藏起来。

图 3.3　耦合机构模型

（9）点击太阳轮的基准圆和行星轮的基准圆，点击配合，选择机械配合，选择齿轮配合，点击确定；重复此步骤，将太阳轮和其他 3 个行星轮进行此配合。

（10）点击行星轮的基准圆和齿圈的基准圆，点击配合，选择机械配合，选择齿轮配合，点击确定；重复此步骤，将齿圈和其他 3 个行星轮进行此配合，图 3.3 为耦合机构模型。

（11）打开干涉按钮，计算是否发生干涉；若发生干涉，检查干涉放生在哪里，并进行修改。

在装配的过程中，有的零件重复出现，可以通过阵列的方法建模，装配阵列出来的零件需要进行配合定位。

在装配过程中的说明：

（1）在进行干涉检查的时候，会发现螺钉与螺孔的装配和小轴与螺母的装配有干涉提示，这是由于螺钉与螺孔的装配不像现实装配不同，所以这个干涉可以忽略。

（2）在装配的过程中，O 型橡胶密封圈由于其材料为橡胶，所以在实际的装配过程中，是不会发生干涉的，但是在虚拟仿真中，由于不能考虑其弹性功能，在视觉上会感觉其与输入齿轮轴处于干涉状态，所以这个干涉也可以忽略。

（3）在装配的过程中，有些零件如果不能在零件库中打开的话，就要重新建模一个。

在装配过程中所需要注意的问题：

（1）在对行星齿轮、齿圈和太阳轮齿轮进行齿轮配合时，要注意齿轮的正反转。

（2）在对行星齿轮和齿圈、太阳轮进行齿轮配合之后要将它们的面重合配合删除，否则在运动的过程中不能进行运动。

3.2　电动机和发动机的装配

新建一装配体图，点击插入零部件，选择电动机外壳，点击插入零部件，选择电动机轴，点击电动机轴的圆边线和电动机外壳孔的圆边线，点击配合，选择同心；点击电动机轴的圆端面和电动机轴右端面，点击配合，点击距离，选择40mm，点击反向对齐，点击确定，点击保存。右键单击电动机外壳，选固定。重复上述步骤将发动机进行装配，图3.4和图3.5分别为电动机模型和爬坡工况下发电机模型。

图3.4　电动机模型　　　　　图3.5　爬坡工况下发电机模型

3.3　总体的装配

新建一装配体图，点击插入新零件，选择发动机装配体图，点击插入新零件，选择行星齿轮耦合图，点击发动机轴的右端面和行星架的左端面的孔左端面，点击配合，点击距离，设置为20mm，点击确定，点击发动机轴的端面圆和孔的外圆，点击配合，选择同心，点击确定，选择平键插入到发动机和太阳轮间；插入离合器，点击摩擦片的内端面和齿圈的右端面，点击配合，选择重合，点击确定，点击摩擦片的外圆和齿圈外圆，点击配合，选择同心，确定。插入传动轴的两个齿轮进行机械配合和定位配合；插入电动机，点击电动机轴的右端面和齿轮的左端面的孔左端面，点击配合，点击距离，设置为 20mm，点击确定，点击电动机轴的端面圆和齿轮孔的外圆，点击配合，选择同心，点击确定。点击特征树下的离合器选择隐藏，插入发电机，点击发电机和太阳轮进行配合。总体装配图如图 3.6 所示，隐藏离合器等部件图如图 3.7 所示。

图 3.6　总体装配图

图 3.7　隐藏离合器等部件图

3.4　爆炸视图

在 SolidWorks 装配体中，使用爆炸视图命令可以将装配体中的零部件分离显示，便于形象地分析零部件之间的相互关系。

3.4.1　建立爆炸视图

单击装配体工具栏上的爆炸视图按钮，控制区自动变为爆炸属性管理器。在设计树上或者在图形工作区选择要爆炸的零部件，同时爆炸步骤名称出现在爆炸步骤的零部件选项框中。选择需要移动的方向。单击参考三重轴 Y 轴方向箭头，该箭头变大变亮，其他两个箭头变暗，沿着 Y 轴方向拖动想移动的物体，到合适的位置松开鼠标，生成爆炸步骤。可以以相同的方法把零件图都爆炸到合适位置。在创建爆炸视图的时候，可以同时选择多个对象同时移动，并且，爆炸后的距离也可以调整，还可以调整爆炸顺序。爆炸视图如图 3.8 所示。

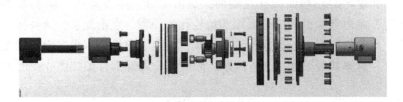

3.8 爆炸视图

3.4.2 建立动画爆炸视图和解除

单击配置管理器按钮，点击展开默认按钮，右击爆炸视图按钮，在弹出的菜单中单击动画解除爆炸选项。系统自动播放解除爆炸动画。点击保存视频按钮，弹出保存视频对话框，选择保存路径和文件名称后，点击保存。右击爆炸视图按钮，在弹出的菜单中单击动画爆炸选项。系统自动播放爆炸动画。点击保存视频按钮，弹出保存视频对话框，选择保存路径和文件名称后，点击保存。

第4章 行星齿轮机构的工作模式分析

4.1 研究的工作模式

对控制策略的描述采用下面4种模式。

（1）空挡模式

空挡模式时，离合器分离，电动机不工作，当蓄电池电量过低时，发动机对其进行充电，过高时发动机通过行星架带动齿圈空转，动力无输出，汽车此时没有驱动力。

（2）纯电动模式

当汽车处于城市低速、低负荷行驶工况时，采用纯电动驱动可以避免发动机在低效率工作点运行。汽车运行所需要的转矩由电动机单独提供，在该工作模式下离合器处于分离状态，行星机构的齿圈被单向离合器锁死，发动机不参与工作。若蓄电池的电量低于一定值时，需要启动发动机进入联合驱动模式。

（3）混合模式

在汽车加速爬坡时，此时发动机的工作情况与正常行驶工况一样，而电动机不仅由发电机提供能量还要从电池获得能量。混合动力汽车的2个驱动动力源共同协调工作，发动机通过行星齿轮装置部分功率分流，给蓄电池充电，其余部分或者全部功率和电动机叠加来满足汽车高速或者加速要求。电动机电能直接从发电机获得，如动力需求更多时，电能由发电机和蓄电池叠加提供。在蓄电池的电量低于一定值时，电动机降低负荷电动机关闭，防止蓄电池放电过度而破坏其使用性能。

（4）减速/制动模式

在驾驶员踩下制动踏板后，或者在减速制动模式下（非制动踏板要求下的减速制动工作模式），再生制动系统启动，把汽车的部分运动能转化为电能，并给蓄电池充电，同时产生制动转矩。当制动信号增强时，机械制动开始工作，以保证汽车安全性为首要。

4.2 各部件的转速及转矩图绘制

齿圈轴的转矩作为输出转矩，太阳轮轴上的转矩作为发电机的转矩，可由发电机的转矩计算出发动机的转矩和齿圈的转矩。建立实验所需台架系统，台架系统除保证耦合系统正常工作外，还需发动机是耦合系统传递能量的最终来源；输入端与输出端转速/转矩传感器分别测量发动机与耦合装置的输出转速和转矩，可计算出输出功率，用于分析功率输出与分配；耦合装置包括电动机、发电机、功率耦合装置等，其控制器安装在专门的机柜中；惯量组模拟整车惯量，在满足整车等效总惯量前提下，惯量值可调整，在试验初期可利用小惯量避免过大的冲击，保证系统安全；测功机可调整加载转矩，满足动力系统的加载要求。另外，台架系统还包括专门的冷却系统，用以满足发动机、耦合装置、测功机等的散热要求。以上要安装测试设备、整车惯量组和测功机等。

4.2.1 爬坡工况下的转速、转矩及功率

1. 各部件转速与转矩

对实验所得数据进行分类整理，导入到 excel 表格中进行图表绘制，分别得到以下各部件转速与转矩图表（如图 4.1 到图 4.6 所示）：

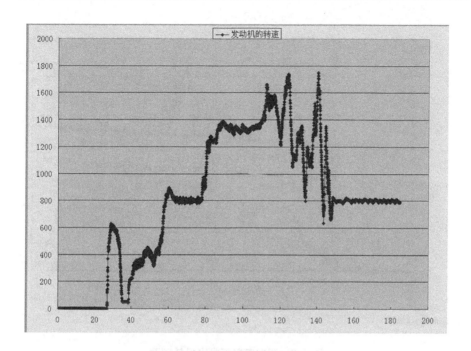

图 4.1　爬坡工况下发动机转速图

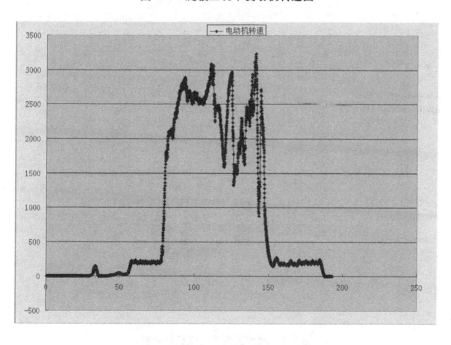

图 4.2　爬坡工况下电动机转速图

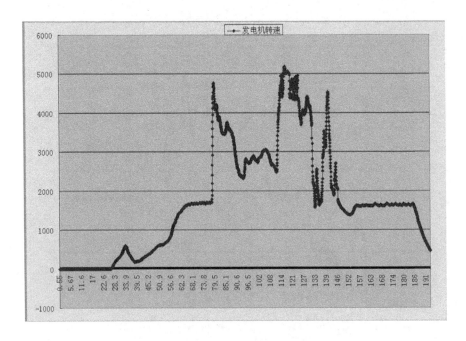

图 4.3　爬坡工况下发电机转速图

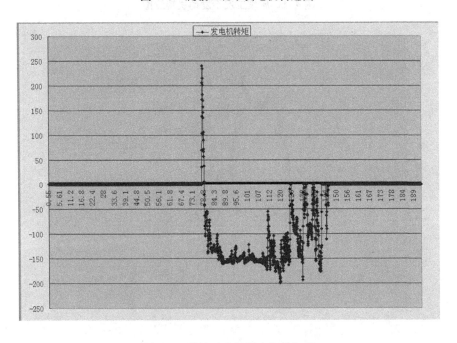

图 4.4　爬坡工况下发电机转矩图

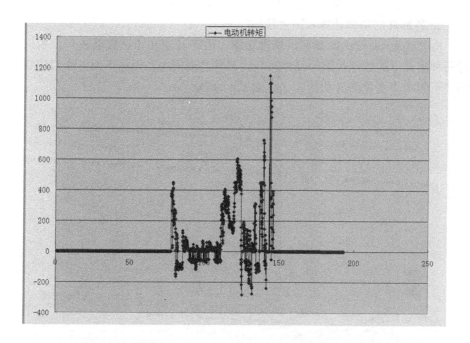

图 4.5　爬坡工况下电动机转矩图

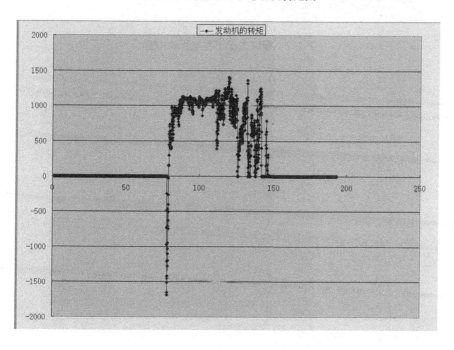

图 4.6　爬坡工况下发动机转矩图

2. 各部件的功率计算及图表绘制

由公式 $P = T * N/9550$ 可以求得功率，由于转速和转矩数据较多，所以只对每种模式下的数据抽取一部分进行计算并绘制图表，得出下面五个对应每种模式下的功率变化图（如图 4.7 至图 4.11 所示）：

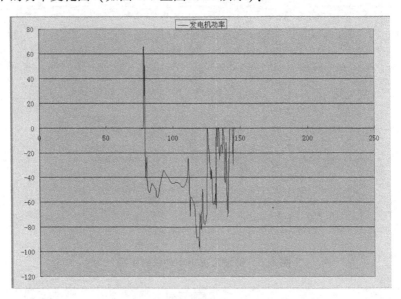

图 4.7　爬坡工况下发电机功率图

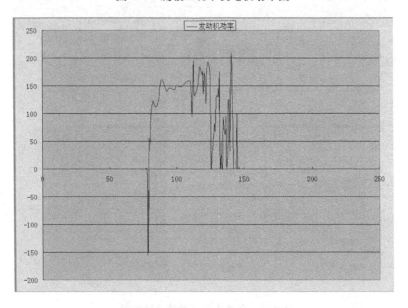

图 4.8　爬坡工况下发动机功率图

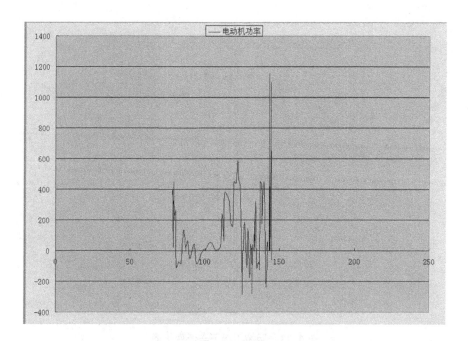

图 4.9　爬坡工况下电动机功率图

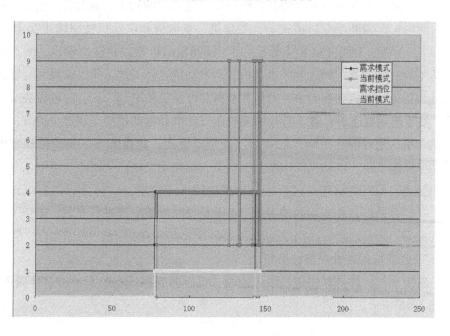

图 4.10　爬坡工况下工作模式图

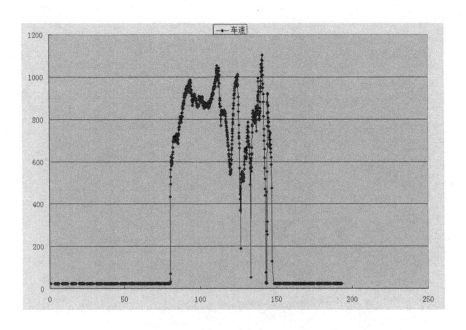

图4.11 爬坡工况下车速变化图

由上面几个图形中可以明显看出行星齿轮机构的功率分流作用，在前78s的时间内，车辆处于空挡模式下，发动机、发电机和电动机功率输出都为0；78s后，车辆处于混合驱动模式下，由于瞬间发动机须提供动力输出，而其转速达不到所需转速，因此此时电动机带动发动机运转工作，所以这瞬间电动机功率为正，发动机功率为负；此后发动机和电动机功率都为正，发电机功率为负，在车辆速度上升阶段，可以明显看出发动机和电动机功率在逐步提高，发电机功率的绝对值在下降；125s后出现制动模式，此模式下，发动机和发电机功率急剧下降，电动机功率瞬间变为负，反拖动发电。从图4.7至图4.9中可以知道发动机的功率通过行星齿轮机构的分流作用，一部分提供发电机发电，一部分输出；在制动的情况下，电动机反转对蓄电池进行充电，避免了能量的浪费。

3. 发动机的燃油经济性分析

对发动机的转速转矩进行图表绘制，可以得到发动机的燃油经济性图表，如图4.12所示。

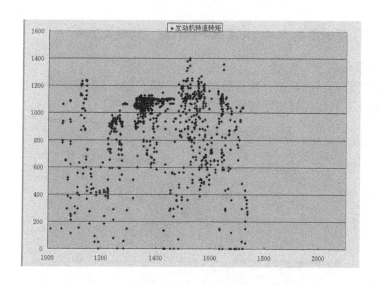

图 4.12 爬坡工况下发动机燃油经济性图

通过实验得到的数据绘制出的转速转矩图中密集点主要集中在转速为 1400r/min 左右，转矩为 1100N/m 左右的范围内，和发动机的万有特性曲线图（图 4.13）相比较后可以发现密集点集中的区域在万有特性曲线比较经济的范围内，所以混合动力汽车燃油更加经济。

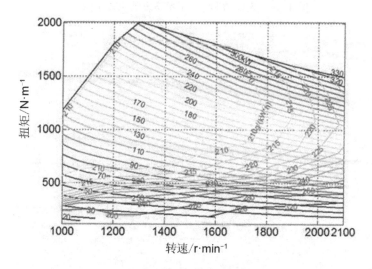

图 4.13 发动机万有特性曲线

4.2.2　定速最高 75km/h 工况下的转速、转矩及功率

1. 各部件转速与转矩

通过实验得到的数据，进行分类整理，导入到 excel 表格中进行图表绘制分别得到以下各部件转速与转矩图表（如图 4.14 至图 4.19 所示）：

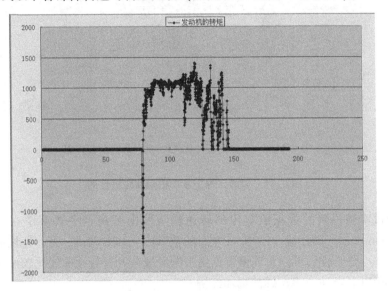

图 4.14　定速 75km/h 工况下发动机转矩图

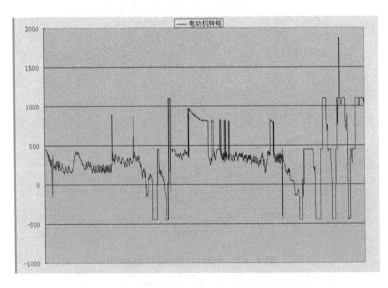

图 4.15　定速 75km/h 工况下电动机转矩图

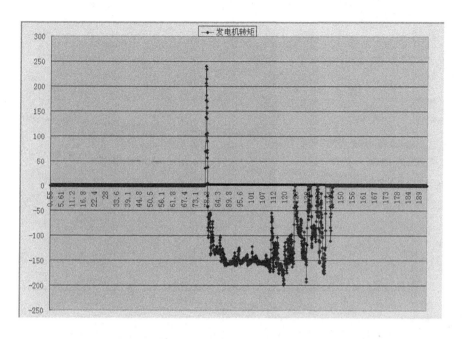

图 4.16　定速 75km/h 工况下发电机转矩图

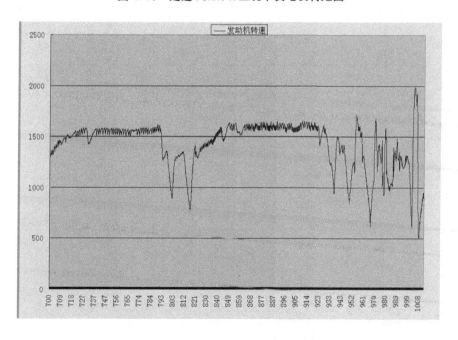

图 4.17　定速 75km/h 工况下发动机转速图

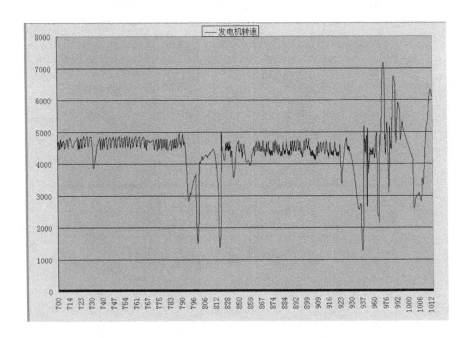

图 4.18　定速 75km/h 工况下发电机转速图

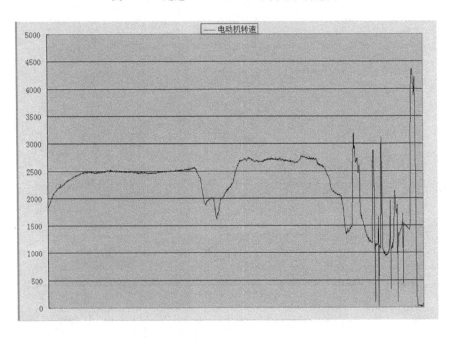

图 4.19　定速 75km/h 工况下电动机转速图

2. 各部件的功率计算及图表绘制

由公式 $P = T * N/9550$ 可以求得功率，由于转速和转矩数据较多，所以只对 700s 后每种模式下的数据抽取一部分进行计算并绘制图表，得出下面五个对应每种模式下的功率变化图（如图 4.20 至图 4.24 所示）：

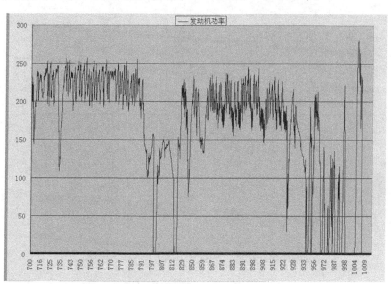

图 4.20　定速 75km/h 工况下发动机功率图

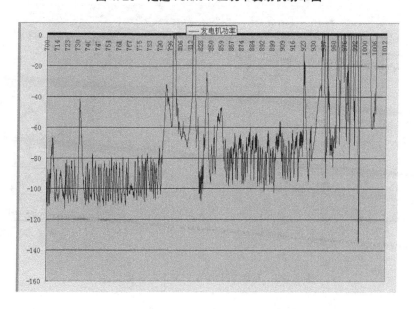

图 4.21　定速 75km/h 工况下发电机功率图

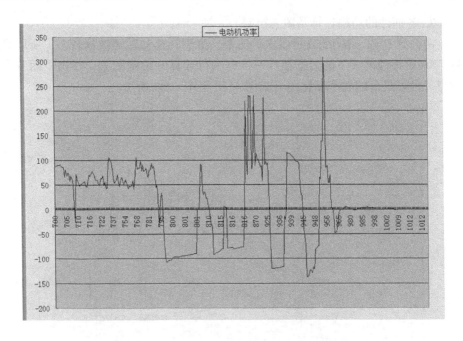

图 4.22　定速 75km/h 工况下电动机功率图

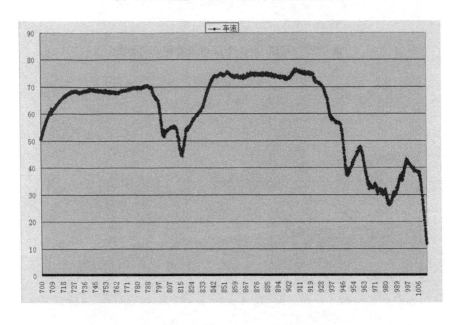

图 4.23　定速 75km/h 工况下车速变化图

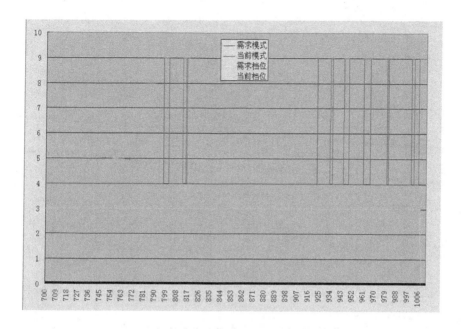

图中图例：需求模式、当前模式、需求档位、当前档位

图 4.24　定速 75km/h 工况下工作模式图

从各部件功率图中可以看出，在 700s～798s 的时间内，车辆处于混合驱动的状态下，但是车速有上升的阶段，有平稳的阶段，也有下降的阶段，因此功率图上在车辆速度上升的阶段，发动机和电动机功率上升，发电机功率下降，在车速平稳的阶段，三个部件的功率基本不变；在 798s～802s 时，车辆处于制动阶段，发动机和发电机功率将为 0，电动机反拖制动，功率为负。从图 4.20 至图 4.22 中可以知道发动机的功率通过行星齿轮机构的分流作用，虽然发动机、发电机和电动机的功率变化比较剧烈，但是车速的变化比较平稳，这也体现出行星机构的优点。另外，行星机构为长啮合的状态，而且传递效率很高，因此避免了能量的浪费。

3. 发动机的燃油经济性分析

对发动机的转速转矩进行图表绘制，可以得到发动机的燃油经济性图表，如图 4.25 所示：

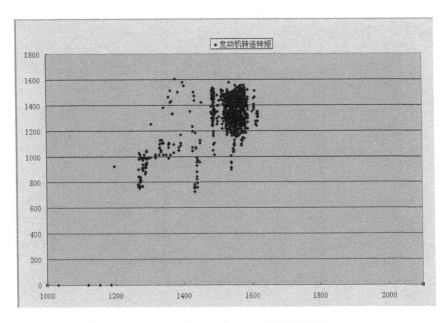

图 4.25　定速 75km/h 工况下燃油经济性图

通过实验得到的数据绘制出的转速转矩图中密集点主要集中在转速为 1600r/min 左右，转矩为 1400N/m 左右的范围内，和发动机的万有特性曲线图（图 4.26）相比较后可以发现密集点集中的区域在万有特性曲线比较经济的范围内，所以混合动力汽车燃油更加经济。

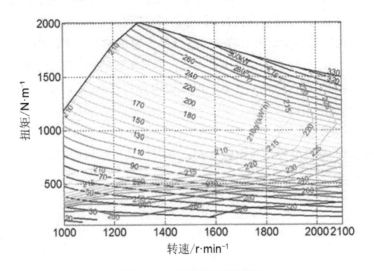

图 4.26　发动机万有特性图

4.2.3 基本定速跑圈，最高 60 公里

将台架试验的试验数据导入 excle，通过对整图的分析，截取 500s 到 700s 的数据作为研究对象（因为这段时间段的数据包含的信息很完整，比较具有代表性）绘制出发动机转速转矩、发电机转速转矩、电动机转速转矩图、车速图和挡位及模式图（如图 4.27 至图 4.34 所示）。

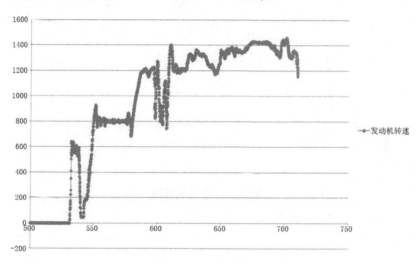

图 4.27　发动机转速

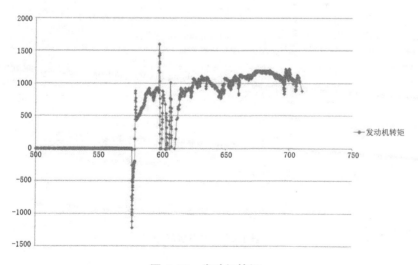

图 4.28　发动机转矩

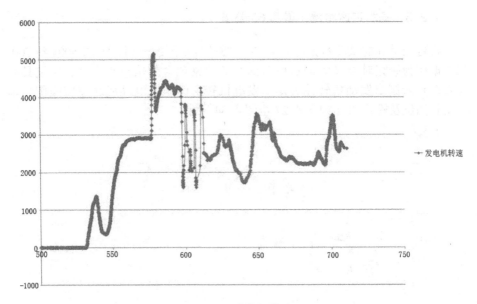

图 4. 29 发电机转速

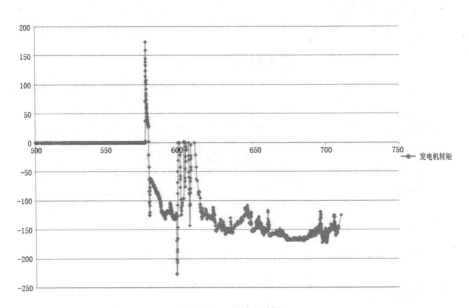

图 4. 30 发电机转矩

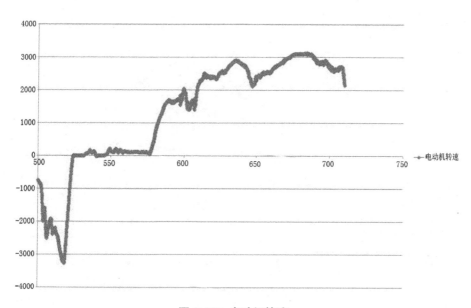

图 4.31　电动机转速

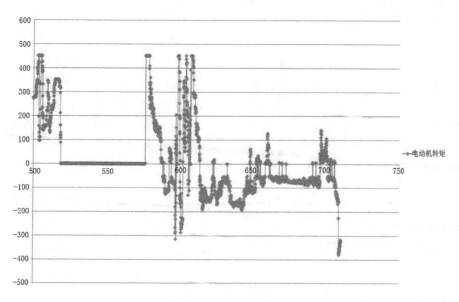

图 4.32　电动机转矩

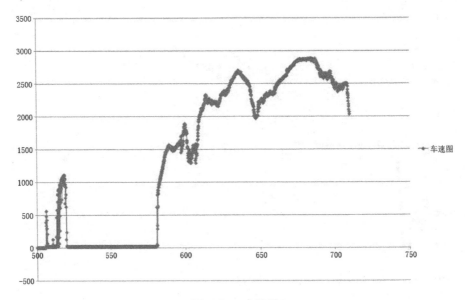

图 4.33 车速图

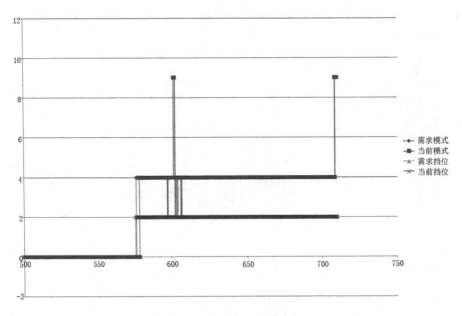

图 4.34 挡位与工作模式图

　　根据 P = n * T/9550 可以得出发动机、发电机、电动机的功率，导入 excel 得图（如图 4.35 至图 4.37 所示）：

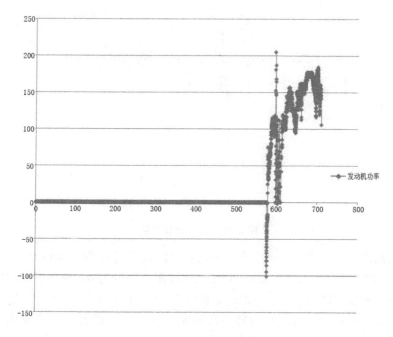

图 4.35　发动机功率图

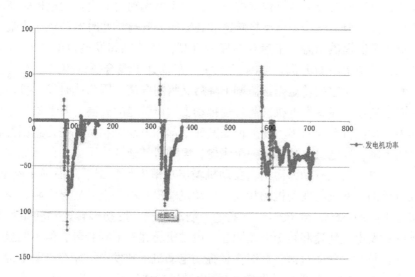

图 4.36　发电机功率图

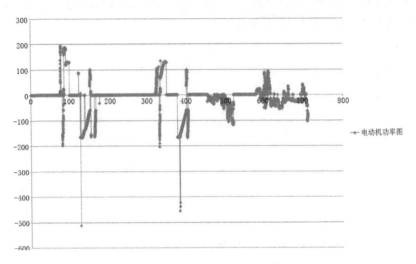

图 4.37　电动机功率图

　　根据以上图表可以看出，从 500s 到 575s 这个时间段，车辆处于空挡状态，发动机转速有一定的波动，但是他的转矩图保持为 0，说明发动机空转；发电机转速也有波动，但是它的转矩也为 0，发电机不工作，只是充当一个飞轮随着发动机转动；电动机的转速转矩基本保持在 0 位置，车速为 0，发动机、发电机、电动机的功率都为 0。575s 到 580s 这个时间段，车辆处于纯电动模式，发动机的转速转矩都保持不变，对车辆无动力输出；发电机转速转矩有小幅升高，但不工作；电动机转速和转矩明显升高，此时电动机作为唯一的动力源为车辆提供动力，车速开始慢慢升高，发动机和发电机的功率都为 0，而电动机的功率不断升高。580s 到 600s，车辆处于混合驱动模式，发动机转速不断升高，而它的转矩则是急剧下降后又瞬间升高，因为此时发动机转速达不到要求转速，靠着发电机的高转速拖动发动机转速的升高，发动机为车辆提供动力；发电机转速基本不变，但是其转矩却和发动机相反，先是急剧升高后又瞬间下降，发电机只是充当一个飞轮；电动机转速变化不大，而转矩则是慢慢下降，电动机仍有动力输出，发动机输出功率先是急剧下降后又不断上升，而发电机的功率则与发动机的相反，电动机输出功率先上升后又下降，但总体趋势是下降的；600s 到 605s，车辆进入制动模式，发动机转速和转矩都有明显下降；发电机转速和转矩波动明显；电动机转速有下降趋势，但不明显，转矩下降比较大，降为负值，此时车辆拖动电动机反转发电，储存于蓄电池。发动机和发电机的功率都下降并趋于 0，电动机功率先是上升后趋于平缓。

　　将给定的所有发动机转速转矩导入 excel 绘制转速转矩图如图 4.38 与万有

特性曲线图 4.39 对比：

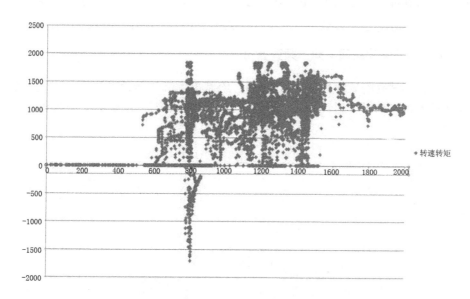

图 4.38　转速转矩图

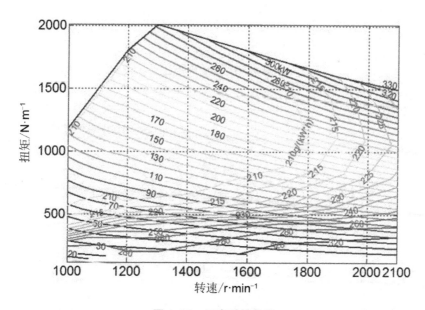

图 4.39　万有特性曲线

由图 4.38 可以看出，发动机的工作点主要集中于转速 1000r/min 到

1500r/min 和转矩 500N/m 到 150N/m，对比万有特性曲线可知，在大部分时间里，发动机都工作在经济性较好的工作方位内，说明发动机的燃油经济性较好。

4.2.4 起伏路回车间，频繁换挡

将台架试验的试验数据导入 excel，绘制出发动机转速转矩图、发电机转速转矩图、电动机转速转矩图、车速图、挡位模式图等（如图 4.40 至图 4.47 所示）。

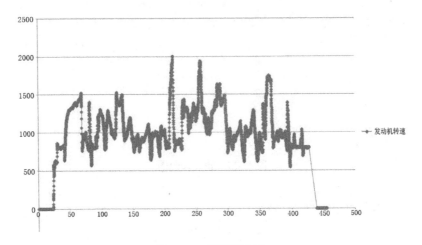

图 4.40 发动机转速

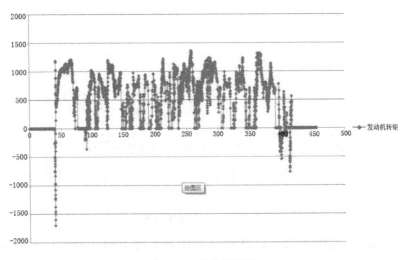

图 4.41 发动机转矩

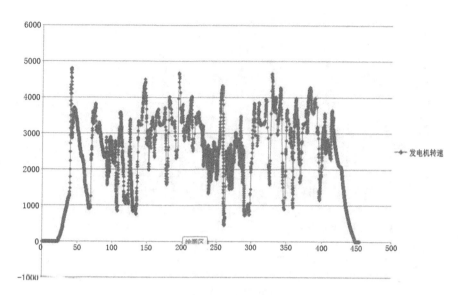

图 4.42　发电机转速

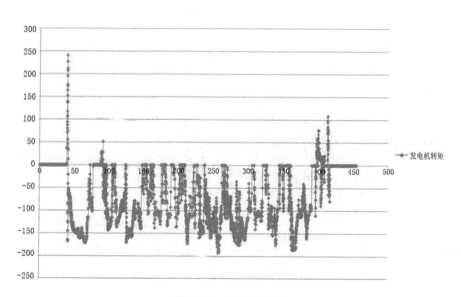

图 4.43　发电机转矩

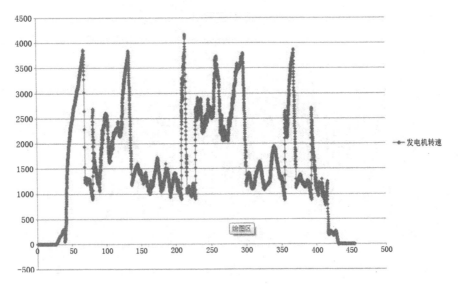

图 4.44　电动机转速

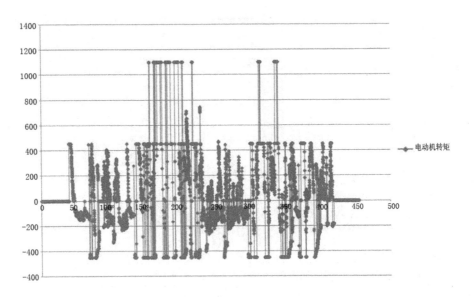

图 4.45　电动机转矩

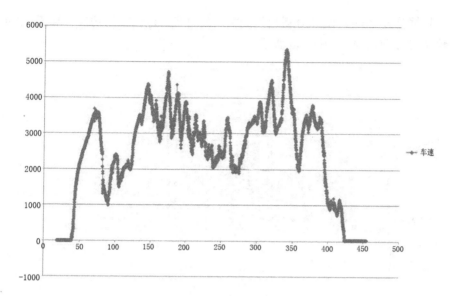

图 4.46　车速图

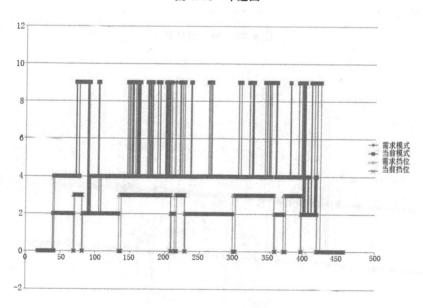

图 4.47　挡位和模式

根据公式 P = n * T/9550 得出发动机、发电机、电动机的功率，导入 excel 中绘图（如图 4.48 至图 4.50 所示）：

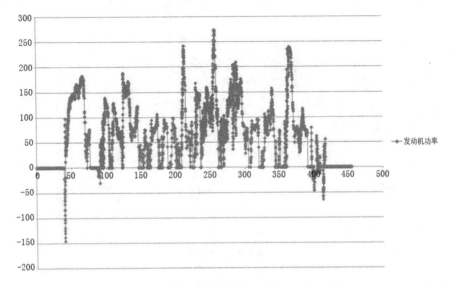

图 4.48　发动机功率

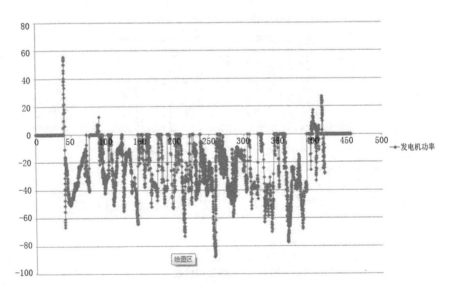

图 4.49　发电机功率

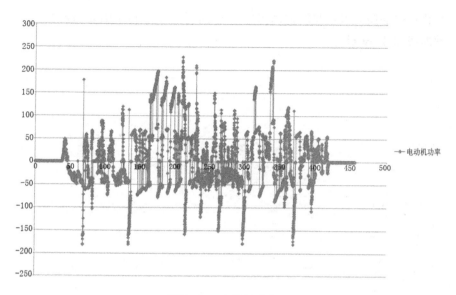

图 4.50　电动机功率

　　观察图 4.40 至图 4.50 可知，由于车辆频繁换挡，车辆大部分时间是保持一个加速—制动—加速的过程，从而使得它的工作模式主要集中于混合驱动模式和制动模式。0s 到 40s，车辆处于空挡状态，发动机转速从 0 开始上升，它的转矩保持为 0，此时发动机空转，无动力输出；发电机转速从 0 开始上升，但是它的转矩为 0，不发电；电动机转速转矩都为 0，不工作，此时发动机、发电机、电动机的功率都为 0。40s 到 70s，由于车辆加速剧烈，需要大功率输入，使其跳过纯电动模式直接进入驱动模式。此时，发动机转速上升趋势明显，而转矩先是急剧下降后又上升迅猛，其原因是在此之前发动机处于低速空转，当需要发动机输出时发动机的转速不能快速达到要求转速，此时发电机拖动发动机辅助其快速达到目标转速；发电机转速下降明显，转矩则是与发动机转速相反，并保持在负值状态。电动机转速持续上升，电动机转矩有波动，但是其总体趋势是下降的，此时发动机的功率先是急剧下降后又迅猛持续上升，发电机功率则与发动机相反，它保持着负增长趋势。70s 到 90s，发动机转矩下降后在 1000r/min 上下波动，而其转矩迅速下降为 0，并保持为 0，此时发动机空转；发电机转速下降，并保持在 2500r/min 处上下波动，转矩为 0，停止发电；电动机转速波动较大，但主要在 2000r/min 处上下浮动，其转矩的波动也很大，总体波动在 0 值。这一过程中电动机不被反托发电的原因是车辆对制动要求较高，直接跳过再生制动模式而进行机械制动。此时发动机和发电机的功率都下降到 0，而电动机功率在 0 值上下浮动。

将给定的所有发动机转速转矩导入 excel 绘制转速转矩图如图 4.51 与万有特性曲线图 4.39 对比：

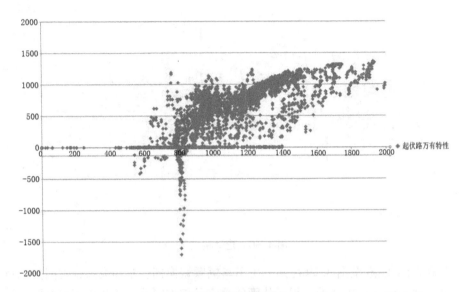

图 4.51 转速转矩分布

根据图 4.51 可以看出，发动机的工作点主要集中在转速为 800r/min 到 1500r/min 之间，转矩集中在 500N/m 到 1200N/m 之间。结合万有特性曲线图可得：发动机大部分工作点处在经济范围内，但仍由一部分工作点不在经济范围内，其原因是：车辆在切换挡位和模式的过程中存在冲击，从而影响到数据的采集。

结论：通过控制系统控制车辆在不同工况下的工作模式，合理利用电动机扭矩大、反应迅速的特点，在车辆处于低速小负荷行驶时采用纯电动模式，从而避免发动机在低速行驶时的能源浪费和尾气排放。在车辆大负荷行驶时利用电动机辅助发动机功能，保持发动机在经济转速下工作，提高发动机工作效率。制动过程中，利用电动机反转发电实现能源的回收再利用，进一步提高整车的经济性和环保性。

通过对行星齿轮的几种工况下四种工作模式各部件功率和燃油经济性的分析，对行星齿轮的运动有了一个更为充分的了解，通过这些线图可以一目了然地看出机构在一个运动循环中转速和转矩的变化情况和功率分配情况，有利于进一步掌握机构的性能。

第5章 混合动力耦合机构的静态分析

5.1 静态分析的目的和意义

机械传动中，齿轮因为具有许多优点，所以它是应用最为广泛的。但从零件的实效情况来看，齿轮也是最容易出故障的零件之一，齿轮传动在运行工况中常常会发生轮齿折断、齿面磨损、齿面点蚀、齿面胶合、齿面塑性变形等很多问题，导致传动性能失效，进而可能在生产中引发严重的事故。在各种失效原因中，齿面磨损和齿根断裂时齿轮失效的最主要的原因。因此有必要对齿轮接触状态的强度性能进行合理的评估并胶合其结构的可靠性。

5.2 行星齿轮机构的理论计算

5.2.1 行星齿轮系的传动比及其运动

首先明确传动比的定义，传动比等于输入轴的转速除以输出轴的转速，对于齿轮传动来讲，还等于输出齿轮的齿数除以输入齿轮的齿数。《机械原理》中对自由度为 2 的差动轮系的传动比定义为：

$$i_{mn}^{H} = \pm \frac{\text{由 } m \text{ 到 } n \text{ 各从动轮齿数的乘积}}{\text{由 } m \text{ 到 } n \text{ 各主动轮齿数的乘积}}$$

取差动轮系 4 个部件之中的 3 个来研究，用 A、B、C 表示三个构件，i_{AB}^{C} 表示在行星齿轮传动构件 A 相对于构件 C 的相对角速度与构件 B 相对于构件 C 的相对角速度之比值。

$$i_{AB}^C = \frac{\omega_A - \omega_C}{\omega_B - \omega_C}$$

ω_A、ω_B、ω_C 为构件 A、B、C 的角速度。那么又可得出如下的等式：

$$i_{AC}^B = \frac{\omega_A - \omega_B}{\omega_C - \omega_B}$$

由上两式得出

$$i_{AC}^B + i_{AB}^C = 1$$

由以上三式又可得出角速度的计算公式：

$$\omega_A = i_{AC}^B * \omega_C + i_{AB}^C * \omega_B$$

通过上式也可以看出，对差动轮系而言，需要两个已知的角速度才能知道其他的角速度。对于整个耦合机构而言可以理解为，若要有确定的运动，需要有两个输入，才能有确定的输出。

5.2.2 齿轮接触强度计算

本节研究对象是单排行星齿轮，与以往不同的是，扭矩加载的地方是在行星架上。所以其计算方式方法与已学过的略有不同。

从行星结构可以看出行星架是没有齿数的，只是通过行星轮与齿圈和太阳轮建立运动关系，所以在推理前，先假设行星架有一个当量齿数为 Z_3，则有如下关系：

$$Z_3 = Z_1 + Z_2$$

式中 Z_1 为太阳轮齿数，Z_2 为齿圈齿数。由上式可知行星架当量齿数为88。根据已知结论我们可以知道，行星架与太阳轮是内啮合状态，齿圈与行星架是内啮合状态，行星轮是惰轮，起连接作用。已知所研究模型加扭矩于行星架上，大小为900N/m。为计算齿圈与太阳轮的接触疲劳应力，首先应求出它们各自所受的转矩。为此，我们引入一个行星机构的特征参数 ρ：

$$\rho = Z_2 / Z_1$$

在忽略摩擦的情况下，根据内力矩平衡和功率平衡的原理可知行星机构的三个构件的内力矩满足下式：

$$T_b = \rho T_a$$
$$T_a + T_b + T_c = 0$$

上式中 T_a 为太阳轮转矩；T_b 为齿圈转矩；T_c 为行星架转矩。

下面根据《机械设计》书本上的齿轮表面接触应力验算公式：

$$\sigma_H = Z_H Z_E \sqrt{\frac{K F_t (\mu \pm 1)}{d b \mu}}$$

本式中 Z_H 为节点区域系数，对于标准直齿圆柱齿轮取该数值 2.5；

Z_E 为弹性系数，查表取 188.9。

K 为载荷系数 $K = K_A K_V K_\beta$；

K_A 使用系数，查表取 1.5；

K_V 为动载系数，查表取 1.2；

K_β 齿向载荷分布系数查表取 1.05。

$\mu = \dfrac{Z_2}{Z_1}$，式中的正号用于外啮合，负号用于外啮合。

b 为尺宽，取 30.0mm。

齿根弯曲应力计算公式：

$$\sigma_F = \frac{KF_t}{bm} \times Y_{Fa} \times Y_{Sa}$$

式中 Y_{Fa} 为齿形系数，查表取 2.66；

Y_{Sa} 为应力修正系数，由图表取 1.63；

K 为载荷系数，取值与意义同接触应力处的 K。

这里我们分析下载荷系数 K：

使用系数 K_A：它是考虑齿轮啮合时外部因素引起的附加动载荷影响的系数。这种动载荷取决于原动机和从动机械的特性、质量比、联轴器类型以及运行状态等。

动载系数 K_V：它是考虑齿轮自身啮合传动时所产生的动载荷影响的系数。与制造及装配误差、圆周速度等有关。

齿向载荷分布系数 K_β：它是考虑齿面上载荷沿接触线分布不均所产生影响的系数。与齿轮相对轴承的位置、轴、轴承、支座的变形以及制造、装配误差等有关。

由以上概念可知，载荷系数是根据齿轮在动载荷下实际工作中所需的一个参数，所以我们做静力学分析时不考虑它的影响，在这里 K 值一律取 1。

根据以上的分析及公式可以算出各部件的应力值如表 5.1 所示。

表 5.1　各部分应力值

部件名称	太阳轮	齿圈
接触应力值	256	275
弯曲应力值	315	314

由计算可知表面接触应力最大点出现在齿圈处，弯曲应力值太阳轮和齿圈相近。考虑到本书的行星齿轮耦合机构是一个增速降扭的机构，可以算得齿圈的扭矩比较大，应力值比较大。而其余构建相对来说应力较小，所以在这里我

们做力学分析时，只针对"危险"部件齿圈进行静态和瞬态的分析、校核。

5.3 基于 SolidWorks 的行星齿轮静力学分析

5.3.1 软件操作步骤

对于静力学部分，我们使用建模时用过的 SolidWorks 进行分析，它操作简便，易于初学者上手，模拟结果较为准确。

打开 SolidWorks 软件后，点击插件那一项，在 Simulation 后面勾选，这样就启动了 Simulation 这个插件，其具体操作如图 5.1 所示。

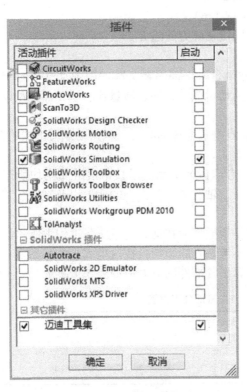

图 5.1 插件对话框   图 5.2 算例对话框

这样，点文件打开建模时的装配体，在工具栏的 Simulation 建立新的算例，默认为算例 1，点击静态后确定，如图 5.2 所示。

下面开始定义材料，选"合金钢"，点击应用。在零件处右击鼠标，点击应用材料到所有，如图5.3所示。

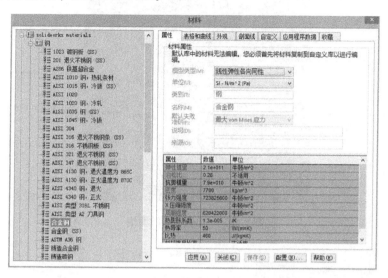

图5.3　材料定义对话框

下面开始定义接触，新建接触面组，经过反复试验，最终我们选择接触类型为无穿透类型。后来我们发现几种接触的区别，如图5.4所示。

接合接触：改程序会结合源实体和目标实体，源于目标像焊接起来一样。

无穿透接触：改程序将源面与目标面视为不相连，允许载荷在零件之间产生干涉。如果应用的载荷没有引起干涉，使用此选项可节省解决时间。

自由接触：此接触类型可防止源于目标实体键产生干涉，但允许形成缝隙。但选此项求解会非常耗时。

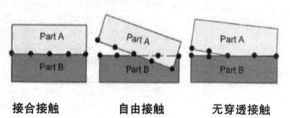

接合接触　　　　**自由接触**　　　　**无穿透接触**
图5.4　三种接触的区别

如图点选默认的太阳轮和行星轮后确定。重复上述步骤，定义所有的接触面组。将所有接触面组定义以后如图5.5至图5.7所示。

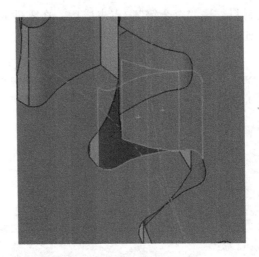

图 5.5　定义后的接触面组

图 5.6　接触面组对话框

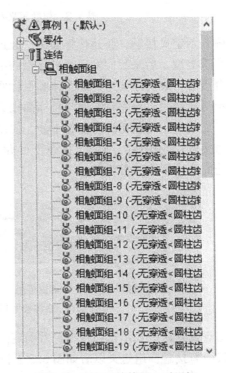

图 5.7　定义后的算例 1 对话框

继续操作，定义夹具，我们让太阳轮固定，设定行星架和齿圈为固定铰链，如图 5.8 所示。

根据设计要求，加扭矩于行星架，大小为 900N/m，如图 5.9 所示。

图 5.8　夹具定义对话框　　　　　图 5.9　行星架加扭矩

最后一步，加网格并运行，这里我们为了提高软件的计算精度需要将网格画得小一点，尽量提高网格的密度，如图 5.10 和图 5.11 所示。

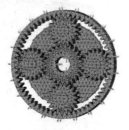

图 5.10　网格密度设置　　　　图 5.11　网格密度设置后的运行

网格划分完成后开始求解，经过几分钟的耐心等待后，计算完毕。

5.3.2 静力结果评价与分析

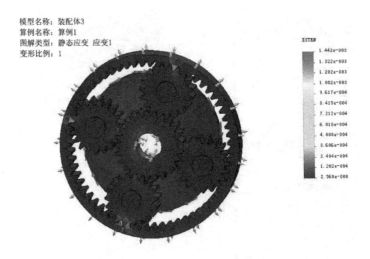

图5.12 动力耦合机构应变云图

图5.13 动力耦合机构位移云图

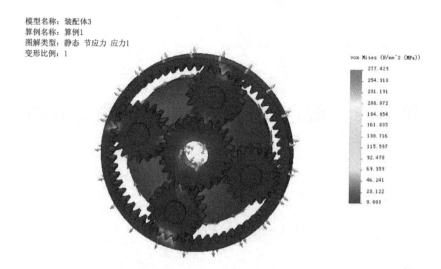

模型名称：装配体3
算例名称：算例1
图解类型：静态 节应力 应力1
变形比例：1

图5.14 动力耦合机构应力云图

由应力图 5.12 至图 5.14 中的云图可以看出，最大应力为 277Mpa，且位于齿圈处，这与理论计算结果极为吻合。算得其弹性模量为 197Mpa，而取材的 40Cr 合金钢的弹性模量为 206Mpa。考虑到误差为 0.7%，已达到误差允许范围。通过云图探测，找到应力极致的具体位置，还可看出齿轮接触点处和齿根处属于应力集中，最容易发生破坏。

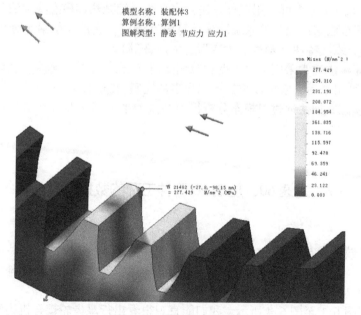

模型名称：装配体3
算例名称：算例1
图解类型：静态 节应力 应力1

图5.15 最大应力位置图

第6章　混合动力耦合机构的瞬态分析

6.1　瞬态分析及其意义

瞬态动力学分析用于确定结构在任意时间随加载荷变化作用下相应的一种分析方法，也可以称为时间历程分析。可以用瞬态动力学分析确定结构在稳态载荷、瞬态载荷和简谐载荷的随意组合作用下随时间变化的位移、应变、应力及力，瞬态分析可以看作是无数个时间点对应静态分析的集合。载荷和时间的相关性使得惯性力和阻尼作用比较重要。如果惯性力和阻尼作用不重要，就可以用静力学分析代替瞬态分析。

瞬态动力学分析可采用三种方法：完全法、缩减法和模态叠加法。

1）完全法采用完整的系统矩阵计算瞬态响应，它的功能最为强大，允许包含各类非线性特性（塑性、大变形、大应变等）。

2）缩减法通常采用主自由度和减缩矩阵来压缩问题的规模。主自由度的位移被计算出来后，解可以被扩展到出事的完整 DOF 上。

3）模态叠加法通过对模态分析得到的振型乘上因子并求和来计算出结构的相应。

6.2　定速 60、加速 90 两种工况的数据及其分析

本书做的瞬态分析是针对定速 60、加速 90 这两种工况的，相关的实验数据已给出，数据中有详细的太阳轮、行星架转速以及太阳轮的转矩随时间变化所测得的具体数值，下面是由实验数据所绘制的图表。

根据图 6.1 至图 6.4 所示，我们能直观得看出行星齿轮耦合机构两种工况

下三个参数在不同时间点的变化。很明显的是太阳轮，由于太阳轮连的是电动机而电动机转速不为零时转矩基本恒定，所以可以得出其发电能力基本由转速决定，实质是跟行星架的输入有关。考虑到实际情况，在每种工况的起始阶段都是处于加速阶段，其发动机功率是不断增加的，待速度达到工况的要求时，发动机的转速是基本固定的，波动不明显。

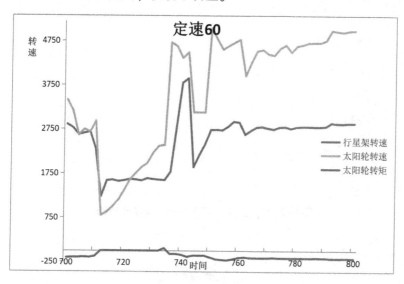

图 6.1　定速 60 工况下各部件转速转矩图

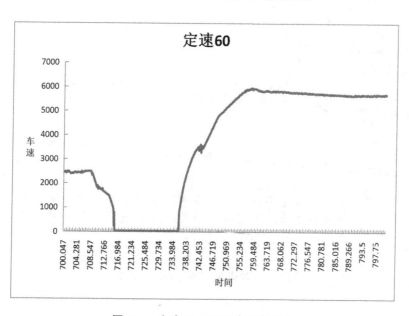

图 6.2　定速 60 工况下车速变化图

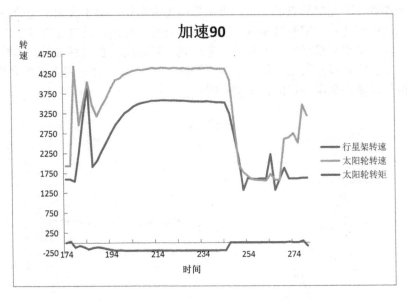

图 6.3　加速 90 工况下各部件转速转矩图

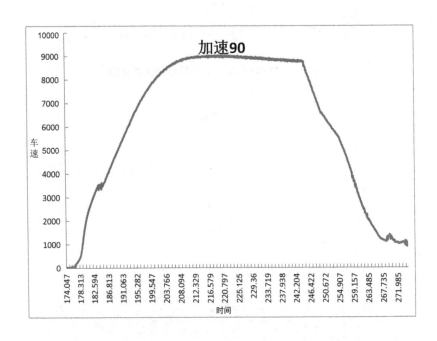

图 6.4　加速 90 工况下车速变化图

6.3　基于 Motion 的运动学模拟

6.3.1　数据的处理

由于本书所给数据量较多（每种工况每个部件 4 万左右），不便于计算和分析，所以我们取比较有代表性的一个区间定速 60（700~800s），加速 90（800~900s）来具体研究 100s 内的耦合系统的动力学特性。

筛选过的数据时间点起点比较大，不利于导入到 SolidWorks 中去，所以我们对数据进行进一步处理，以 SolidWorks 上面的单位为准统一单位，将时间起点统一为 0 秒，并保存为 txt 格式的文本。

6.3.2　软件操作

Motion 是 SolidWorks 的一个插件，它可以做动力仿真，可以计算各种运动参数，以及运动部件之间产生的各种相互作用力、力矩、惯量。本次操作首先打开 SolidWorks 软件在插件中选 SolidWorks Motion 和 SolidWorks Simulation，如图 6.5 所示。

图 6.5　Motion 插件

打开装配体，点击下方的"运动算例"标签进行设置，如图 6.6 所示。

图 6.6　运动算例的选择

选择算例类型为 Motion 分析，如图 6.7 所示。

图 6.7　Motion 分析的选择

设定接触（图 6.8），由于机构较为复杂，共需要定义 12 个接触，定义以后的接触如图 6.9 所示。

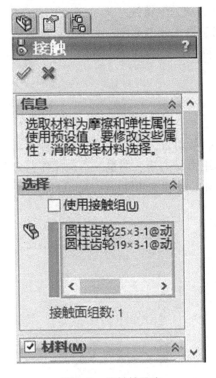

图 6.8　接触的设定　　　　　　　　图 6.9　定义后的接触

下面定义力矩和转速，每种工况需要定义 3 个，分别为太阳轮的转速和扭矩、行星架的转速。我们把经过加工处理过的数据通过"从文件装载"那项导入到转矩转速对应的选项框里，如图 6.10、图 6.11 所示。

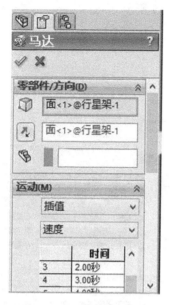

图 6.10　马达设置对话框　　　图 6.11　力/扭矩设置对话框

为了使结果出现应力应变随时间变化的曲线，还需对太阳轮、行星轮、齿圈加 Simulation 设置，如图 6.12、图 6.13 所示是设置后。

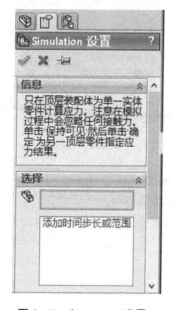

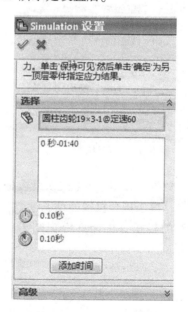

图 6.12　Simulation 设置 1　　　图 6.13　Simulation 设置 2

设置完成后的设计树如图 6.14、图 6.15 所示。

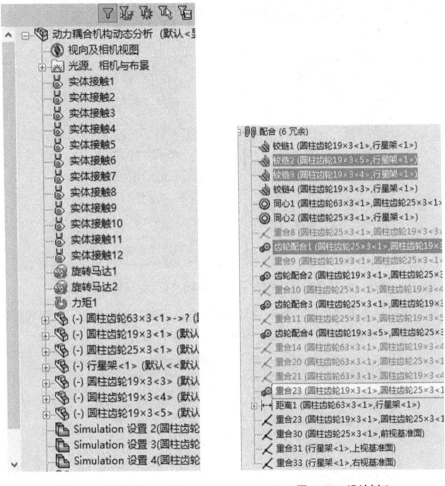

图 6.14　设计树 1　　　　　　图 6.15　设计树 2

由于数据点较多（100s 50 组数据），完全计算需很多时间，我们就先算运动算例，得出耦合机构的动态参数，取存在极限值的小段时间区间对应的几组行星架的转矩，再计算模拟结果。所以首先开始的是计算运动算例见图 6.16 所示。

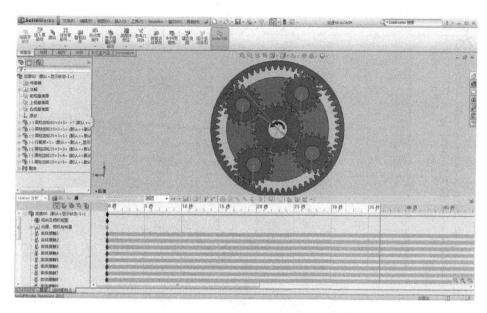

图 6.16　运动算例的计算

　　经过几个小时，计算完成，通过点选"结果和图解"选项生成相应的图表，如图 6.17 至图 6.22 所示为齿圈的转矩和转速、太阳轮的转矩。

　　从下面 6 张图片中可看出，作为输出的行星架的转速和转矩的值在趋势上跟行星架的输入比较吻合，在 740s 左右达到转速和转矩的峰值。且二者达到峰值的时间不同，转矩先达到峰值，转速后达到峰值，从物理学讲这也符合速度变化滞后于力的变化这一事实。

　　对比两种工况下的齿圈转矩可以看出，在定速巡航 60 工况下 735～740s 内行星架转矩较大，在加速 90 工况下 178～183s 内行星架转矩较大。在此基础上，找出两种工况下对应的小短时间内的行星架转速、太阳轮转速转矩作为输入，点击"计算模拟结果"求解两种工况下耦合机构的应力应变。（如图 6.17 至图 6.24 所示）

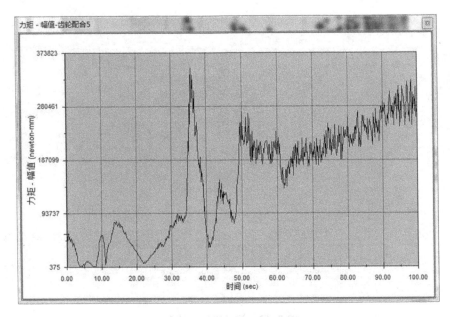

图 6.17　定速 60 下齿圈转矩

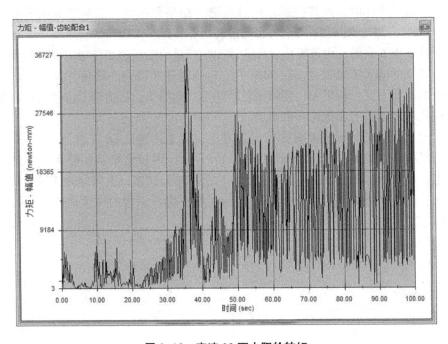

图 6.18　定速 60 下太阳轮转矩

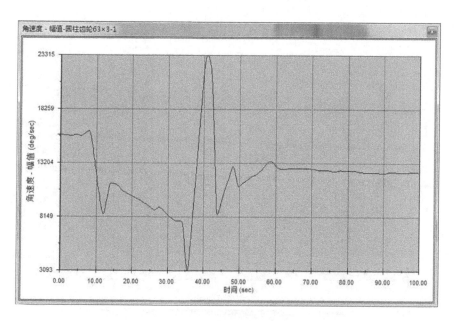

图 6.19 定速 60 下齿圈转速

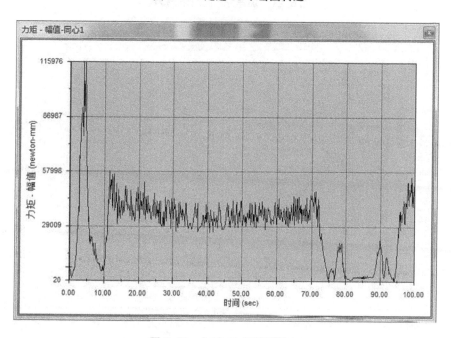

图 6.20 加速 90 下齿圈转矩

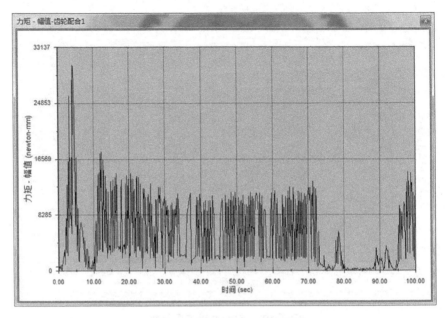

图 6.21　加速 90 下太阳轮转矩

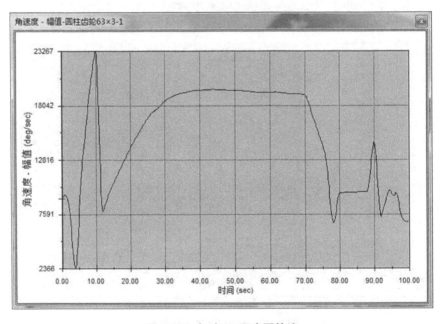

图 6.22　加速 90 下齿圈转速

图 6.23　定速 60 下机构的应力云图

图 6.24　加速 90 下机构的应力云图

由以上云图 6.23、图 6.24 可以看出在运动中极限应力值相近，均为三十几兆帕，可以理解为两种工况下行星架的输入扭矩值与静力状态下的 900N/m 相比较小，所以动态下的极限应力值远远达不到静态极限应力值。而对于两种不同工况而言，发动机在急剧加速小短时间内过程中的转速变化相近，在发动机功率相近的情况下，其对应的应力值也相近。

6.4　仿真结果分析

在本章节和上一章节对行星齿轮耦合机构的静力学与动力学理论值计算的基础上，基于 Motion 插件，做出了行星齿轮耦合机构各个部件的运动学曲线以及瞬态环境下的应力应变。针对耦合机构的"危险"部件齿圈的特性曲线的应力应变分析，在两种工况下与理论计算的齿圈应力最大值相比，满足误差要求，得出了本书研究对象所选材料与模型的参数与实际相比较是符合的这一结论。

同时不可忽视的是，理论计算与实际计算的误差，在动态情况下，还是不小的，分析其原因有两点。

1）Motion 做的动态分析，可能是基于静态基础上的，相关材料特性、实际工况、载荷参数等不够全面。反正结果较小。

2）动态计算相关理论不够完善，需要我们通过实验进一步探究。

第7章　ADAMS 模拟仿真

7.1　ADAMS 的介绍

ADAMS 是由美国 Mschanical Dynamics Inc 公司研制的虚拟样机软件，它集可视化技术、建模、求解于一体，是目前世界上最负盛名、适用范围最广的机械系统仿真分析软件。

使用 ADAMS 可以产生复杂机械机构系统的虚拟样机，真实地仿真其运动的过程，并且可以比较迅速地比较和分析多种方案，直至得到最优化的工作性能，从而大大降低了昂贵的物理样机制造及实验次数，提高了产品设计质量，大幅度地减短研制周期和费用。ADAMS 从 20 世纪 90 年代开始进入中国，在我国的汽车交通、石油化工、航空航天、铁道、机械制造和兵器等工作领域得到应用，为各个领域中的科技研究和产品设计做出了巨大贡献。

ADAMS 中包含的模块有 ADAMS/View、ADAMS/PostProcsser、ADAMS/Autoflex、ADAMS/Vibration、ADAMS/Control、ADAMS/Car 等。

7.2　仿真

7.2.1　前期处理

（1）导入。要需要导入的 Solidworks 图另存为 Parasolid（＊.x_t），然后把文件扩展名改为（＊.xmt_txt）。在 adams 界面中，选择文件，点击导入，出现如图 7.1 所示对话框，文件类型选择 Parasolid，右击读取文件后的空格，选择浏览，找到刚才制作的 ＊．xmt_ txt 文件，右击模型名称后的空格，选择模型，创建，输入文件名，点击确定。此时已经将 Solidworks 中的装配图导入 ADAMS，但是，约束关系都没了，需要重新创建。

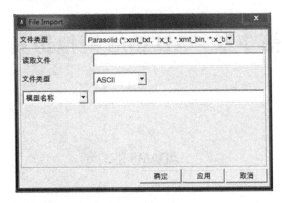

图7.1　导入对话框

（2）定义材料属性。选择在左端的结构树中的物体按钮，自动展开耦合机构模型部件，选中最上端部件，右击，选择修改按钮，出现如图7.2所示对话框，分类下拉菜单中选择质量特性，定义质量方式下拉菜单中选择集合形状和材料类型，右击材料类型后空格，选择材料，浏览，在下拉菜单中选择 steel，单击确定，完成此零件材料属性定义。以同样的方法定义其他零件材料属性。

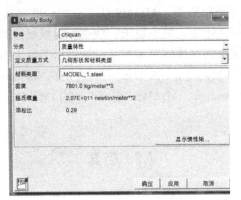

图7.2　修改材料属性对话框

（3）重命名部件。选择在左端的结构树中的物体按钮，自动展开耦合机构模型部件，选中最上端部件，右击，在下拉菜单中选择重命名按钮，系统自动弹出修改模型名称的对话框，输入模型名称，点击确定。以同样的方法修改其他零部件名称。

7.2.2　添加约束

（1）输出盘与大地之间固定连接。单击固定副图标，弹出如图 7.3 所示创建固定副对话框，构建方式选择 2 个物体—1 个位置，垂直格栅，第 1 选择和第 2 选择下拉表选择选取部件，单击输出盘，再单击大地，最后点击输出盘重心 shchp.cm，完成输出盘与大地之间的固定副创建。

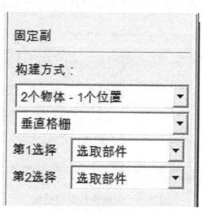

图 7.3　创建固定副对话框

（2）机架总成与输出盘之间的旋转副连接。点击旋转副按钮，弹出如图 7.4 所示旋转副创建对话框，构建方式选择 2 个物体—1 个位置，垂直格栅，第 1 选择和第 2 选择下拉表选择选取部件，单击机架总成，再单击输出盘，最后点击机架总成的重心 zhijia.cm，完成机架总成与输出盘之间的旋转副创建。

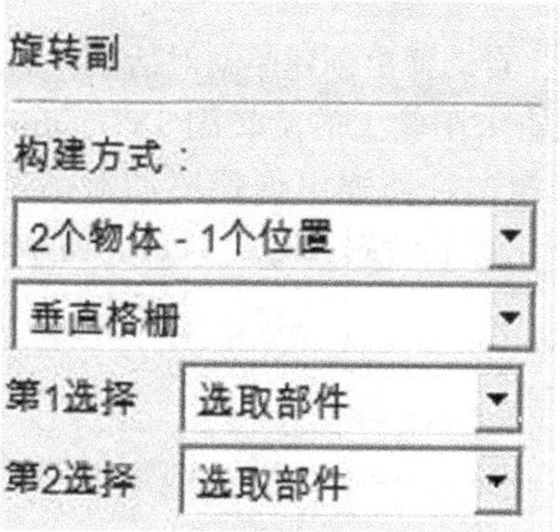

图 7.4　旋转副创建对话框

（3）用上两步类似方法创建压盘与输出盘之间的固定副，支架与支架总成之间的固定副，行星轴与机架总成之间固定副，太阳轮与机架总成之间的旋转副，齿圈与支架总成之间的旋转副，四个行星轮分别与机架之间的旋转副。

（4）太阳轮与行星轮之间齿轮副和行星轮与齿圈之间的齿轮副，单击齿轮副图标，弹出如图 7.5 所示创建齿轮副对话框中，运动副名称选择两个齿轮的旋转副，共同速度标记点选择机架总成上建立的一个 marker 点（这个点在两齿轮分度圆的切点处，并且 marker 的 Z 轴方向为两个齿轮共同运动放行）完成齿轮副创作，用这种方法创建太阳轮与行星轮之间齿轮副和行星轮与齿圈之间的齿轮副。

图 7.5　创建齿轮副对话框

7.2.3　添加驱动

查阅基本定速跑圈，最高时速 75 公里的数据中，在 500s 时，发动机转速为 1581r/min，电动机的转速为 4864r/min。因为 ADAMS 中旋转驱动的单位是 deg/sec，所以需要进行转换，发动机转速为 9485.89deg/sec，电动机的转速为 29184.18deg/sec。

单击旋转驱动按钮，自动弹出创建驱动对话框，如图 7.6 所示，在旋转速度中输入 29184.18，点击太阳轮上的旋转副 TYL_ zhijia，创建太阳轮上的驱动。再单击旋转驱动按钮，自动弹出创建驱动对话框，在旋转速度中输入 9485.89，点击支架总成上的旋转副 Zhijia_ shuc，创建支架总成上的驱动。

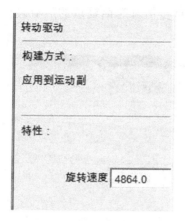

图 7.6　创建驱动对话框

7.2.4　模型仿真

（1）仿真。单击仿真按钮，自动弹出仿真对话框，如图 7.7 所示，点击开始仿真按钮，对模型进行一次 5 秒的动力学仿真，仿真设置后，点击视频保存按钮，将这次仿真保存为 FIRST，以备后用。

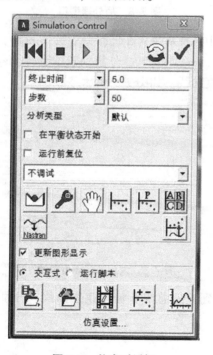

图 7.7　仿真对话框

（2）后处理分析。点击仿真对话框里的后处理图标，打开后处理窗口，如图7.8所示。

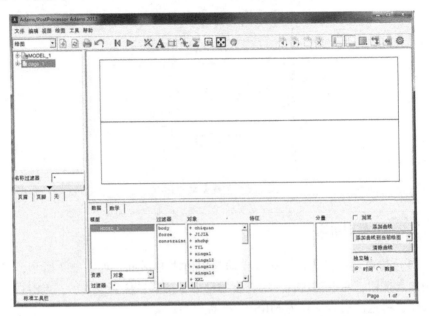

图7.8　后处理窗口

在资源下拉列表中选择对象，在过滤器中选择 boby，在对象中单击 TYL，在特征中点击 CM_ Anglar_ Velocity，分量列表中选择 Mag，选中浏览复选框，即可显示太阳轮的速度曲线，如图7.9所示。

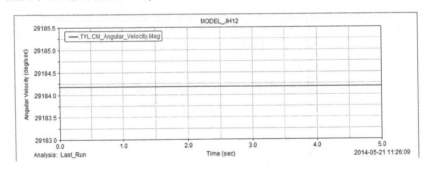

图7.9　太阳轮的速度曲线

用相同的方法得到支架总成和齿圈速度曲线，分别如图7.10和图7.11所示。

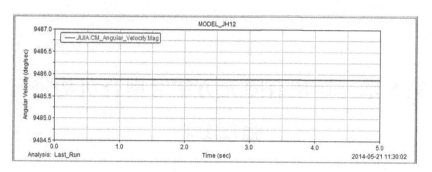

图 7.10　支架总成速度曲线

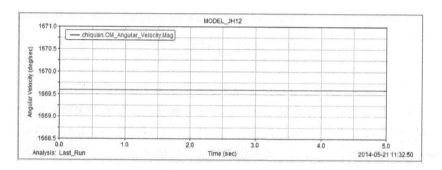

图 7.11　齿圈速度曲线

由上边图表齿圈的角速度为 1669.6deg/sec，即 29.14r/s，与前面章节中计算结果一致。

由于 ADAMS/View 中没有另存视频功能，为了展示机构的运动状态，作者又用 SolidWorks 中的运动仿真功能进行了模拟仿真，并且保存动画。具体步骤不再赘述。

第8章　运用有限元方法对耦合机构进行强度分析

8.1　有限元方法介绍

目前，随着计算机技术的发展，有限元方法已成为预测或者模拟复杂工程变化的主流趋势。作为一种高效的数值计算方法，早时期的它是以变分原理为基础发展来的，现在有限元分析方法已经成为数值计算的主流，比如流体、结构、电磁场稳态/瞬态、线性/非线性、力学问题都可以采用有限元分析。国际上也研发出各种各样的有限元通用软件，比如 ANSYS、ABQUS、ADINA、NASTRAN 等。本章主要运用 ANSYS Workbench16.2 对耦合机构的一些零部件进行强度分析，即研究结构抵抗变形的能力和结构在载荷作用下的应力分布和变形情况。

8.1.1　ANSYS Workbench 的介绍

ANSYS Workbench 平台是业内中最普遍、最深刻的高级工程仿真技术生成的集成软件。利用创新的项目图解视图将完整的模拟过程连在一起，在这个模拟过程中，通过简洁的操作完成简单甚至复杂的工程分析，拥有项目的更新机制、CAD 双向联通，强大的高度自动化划分网格、参数化管理和集成优化工具覆盖与各个板块。

8.1.2　ANSYS Workbench 数值模拟的一般步骤

ANSYS Workbench16.2 数值模拟的一般步骤一般如下：
启动 ANSYS Workbench16.2 应用程序 → 设计分析流程（选择分析系统或

组件系统，并将其加入到项目流程图）→ 试用分析系统和组件系统 → 建立集合模型或导入 CAD 模型 → 利用提供的工程材料或自定义材料来分配材料属性→施加约束和载荷 → 设置需要求解的结果 → 计算求解查看结果。

8.2　耦合机构中行星排的强度分析

本部分运用 ANSYS Workbench16.2 对耦合机构的一些重要零部件即行星排进行模拟分析，运用有限元软件 ANSYS 进行静力分析克服了常规方法的计算量大、耗时长等不足，是一种方便快捷的方法。

8.2.1　静力学方程理论基础

静态下分析有限元法是指求解不随时间变化而变化的系统平衡问题。如线性方程的等效方程为：

$$[K] \times \{u\} = \{F\} \tag{8.1}$$

$$[K] \times \{u\} = \{F^l\} + \{F^a\} \tag{8.2}$$

式中：$[K]$ 为总刚度矩阵，$[K] = \sum_{m=1}^{n} [K_e]$；$\{u\}$ 为节点位移矢量；n 为单元数；$[K_e]$ 为单元刚度矩阵；$\{F^l\}$ 为支反载荷矢量；$\{F^a\}$ 为所受的总外载荷。

通过解有限元方程（8.1）和（8.2）式，得出各节点位移矢量 $\{u\}$。根据位移插值函数，由弹性力学中给出的应变和位移以及应变和应力的关系，得到单元节点的应变和应力表达式：

$$\{\varepsilon^d\} = [B] \times \{u\} - \{\varepsilon^{th}\} \tag{8.3}$$

$$\{\sigma\} = [D] \times \{\varepsilon^d\} \tag{8.4}$$

式中：$\{\varepsilon^d\}$ 为由应力引起的应变；$[B]$ 为节点上的应变—位移矩阵；$\{u\}$ 为节点的位移矢量；$\{\varepsilon^{th}\}$ 为热应变矢量（本书不考虑）；$\{\sigma\}$ 为应力矢量；$[D]$ 为弹性矩阵系数。

求解（8.3）和（8.4）式，得到各节点对应的应力。

综上所述，运用有限元分析法求出结构的节点位移以及节点应力，可以得到结构静态特性分析结果。

8.2.2　行星排的静力分析

齿轮之间啮合时会产生轴向力和径向力，如果耦合机构工作时，太阳轮的强度不足以承受轴向力和径向力的长时间的冲击，那么太阳轮就会容易损坏，从而降低耦合机构的寿命。为了节约成本，很有必要在产品大量投入生产之前对耦合机构的行星排进行强度分析，来检验太阳轮是否满足要求。以下为耦合机构行星排的静强度分析步骤。

1. 启动 Workbench 并选择分析项目

（1）双击 Workbench，进入主界面，选择主界面【Toolbox】中的【Analysis Systems-Static Structural】选项，并将其拖拽到【Project Schematic】创建分析项目 A，如图 8.1 所示。

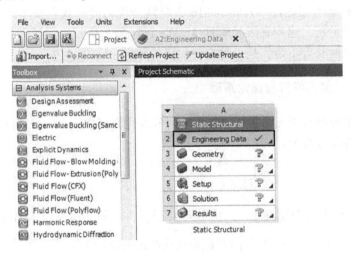

图 8.1　Workbench 主界面

（2）在工具栏点击【Save】保存工程名 Xing Xing Pai. wbjp。

2. 定义材料

（1）双击项目 A 中的 A2 栏中的【Engineering Data】项，出现材料的参数设置界面如图 8.2 所示，设置材料参数；根据所给图纸可知：框架总成材料为 42CrMo；太阳轮材料为 20CrNi2MoA；行星轮材料为 20CrNi2MoA；齿圈材料为 42CrMo；减磨垫和行星轮轴和轴承的材料均为 Q235。

（2）单击表格【Outline of Schematic A2：Engineering Data】中的【Click here to add a new material】，在其中输入 20CrNi2MoA 材料，点击确定，选择 20CrNi2MoA 材料，双击【Tool Box】中【Linear Elastic】──→【Isotropic Elasticity】，此时在表格【Properties Of Outline Row4：20CrNi2MoA】中会出现【Isotropic Elasticity】项。输入【Young's Modulus】和【Poission's Ratio】的值确定，查表可知 20CrNi2MoA 的弹性模量、泊松比分别为 2.10×10^{11} 和 0.275。

（3）继续重复上一步的步骤，输入 42CrMo 材料，查表可知 20CrNi2MoA

的弹性模量、泊松比分别为 2.12×10^{11} 和 0.28。输入 Q235 材料，查表可知 Q235 的弹性模量、泊松比分别为 2.08×10^{11} 和 0.277。参数设置完后单击工具栏中的【Project】按钮，回到主界面。

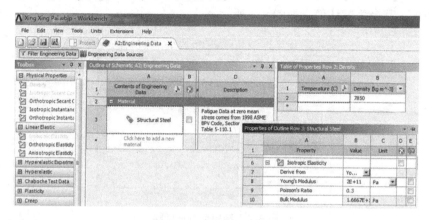

图 8.2　材料参数设置界面

3. 导入几何模型

（1）首先把用 SolidWorks 画成的行星排装配体保存成后缀名为"x_t"格式的文件。

（2）右击 A3 栏【Geometry】，选择【ImportGeometry】 → 【Browse…】，将后缀名为"x_t"格式的行星排装配体文件导入，此时 A3 栏后的"?"会变为"√"，表示文件已经成功导入，如图 8.3 所示。

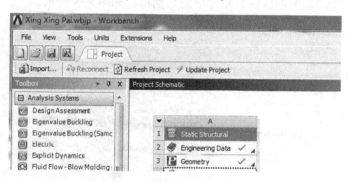

图 8.3　成功导入几何体模型

4. 分配材料和划分网格

（1）分配材料：双击主界面项目管理区 A 中的 A5 栏【Setup】项，进入【Mechanical】界面，在该界面下即可进行网格的划分、材料的分配等操作。

选中【Mechanical】界面左侧【Outlines】中【Geometry】选项下的"框架总成",此时即可在 Details of "框架总成"中给零件添加材料,单击参数列表中【Material】下的【Assignment】,选择刚刚设置的 42CrMo 材料,将其添加到模型中去,其余为默认值,如图 8.4 所示。

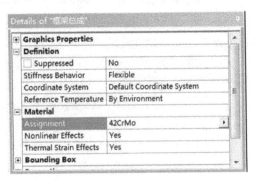

图 8.4　给模型添加材料

（2）重复上述步骤给【Geometry】选项下的所有模型添加相应的材料。此时左侧【Outlines】中【Geometry】前的"?"变为"√",表示所有模型材料已经添加成功。

（3）画网格:选择【Outlines】下的【Mesh】选项,单击鼠标右键,在弹出的窗口中选择【Generate Mesh】命令,这时会有进度显示条弹出,表示网格正在划分,当进度条消失后,网格划分也已经完成。此时【Mesh】前的"?"变为"√",图形区的行星排已画好网格,如图 8.5 所示。

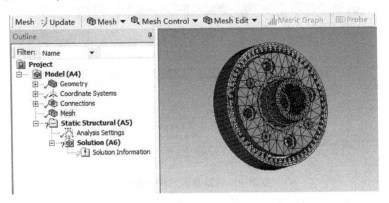

图 8.5　画网格

5. 施加约束和载荷

（1）建立坐标系。为了准确地对行星排添加约束,先在需要添加载荷的地方建立一个坐标系【Global Coordinate System】。

（2）施加固定约束：单击【Mechanical】界面左侧【Outline】中的【Static Structural（A5）】选项，在工具栏点击【Supports】→【Fixed Support】，此时即可在 Details of "Fixed Support" 窗口中设置【Scope】下的【Geometry】，即在图形区选中齿圈的一端面，点击【Apply】，如图8.6所示。

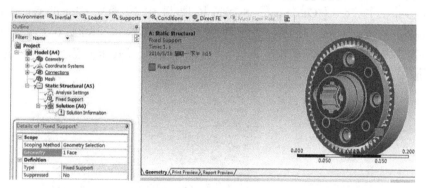

图8.6 施加固定约束

（3）施加无摩擦约束：单击【Mechanical】界面左侧【Outline】中的【Static Structural（A5）】选项，在工具栏点击【Supports】→【Frictionless Support】，这时就可以在 Details of "Frictionless Support" 窗口设置【Scope】中的【Geometry】栏上，即在图形区选中行星排外端面和太阳轮外端面，点击【Apply】，如图8.7所示。

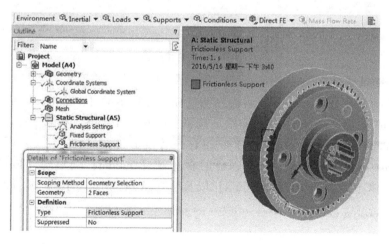

图8.7 施加无摩擦约束

（4）施加转矩载荷：单击【Mechanical】界面左侧【Outline】中的【Static Structural（A5）】选项，在工具栏点击【Loads】→【Moment】，此时根据任务书所给数据，即可在 Details of "Moment" 窗口中设置扭矩为 1800N·m：在【Scope】下的【Geometry】项目下，即在图形区选中行星排的最外端圆柱面，并单击【Apply】，在【Definition】下的【Define By】项目中选择【Component】，在【Coordinate System】项目中选择【Global Coordinate System】，在 x、y、z Component 项目中输入数据分别为 0、1800、0（若单位不对可在工具栏 Unite 中设置相应单位），自此 Moment（转矩）添加完毕，如图 8.8 所示。

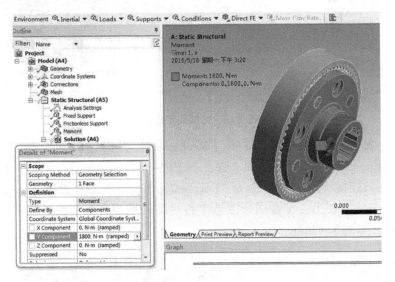

图 8.8　施加转矩载荷

6. 结果后处理

（1）选择【Mechanical】界面左侧【Outline】中的【Solution（A6）】选项，此时会出现 Solution 工具栏。选择 Solution 工具栏中的【Stress】→【Equivalent（von-Mises）】和【strain】→【Equivalent（von-Mises）】以及【Deformation】→【Total】命令，此时在左侧【Outline】会出现【Equivalent Stress】和【Equivalent ElasticStrain】以及【Total Deformation】选项，如图 8.9 所示。

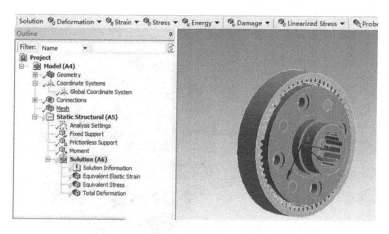

图 8.9　设置需要的结果

（2）在【Outlines】中的 Solution（A6）选项单击鼠标右键，在弹出的快捷菜单中选择【Equivalent All Results】命令，这时会有进度显示条弹出，表明系统正在求解，进度条消失后表示求解完成。

（3）点击【Outline】中 Solution（A6）下的【EquivalentStress】选项，这时会出现等效应力分析云图，如图 8.10 所示。

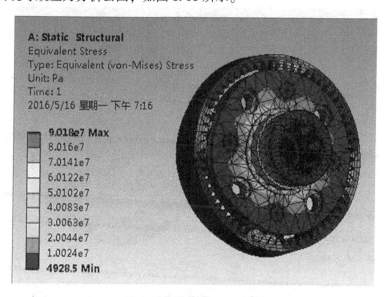

图 8.10　行星排等效应力分析云图

选择【Outline】中 Solution（A6）下的【Equivalent Elastic Strain】选项，此时会出现等效应变分析云图，如图 8.11 所示。

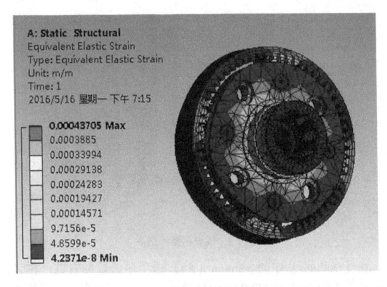

图 8.11　行星排等效应变分析云图

选择【Outline】中 Solution（A6）下的【Total Deformation】，此时会出现总变形分析云图，如图 8.12 所示。

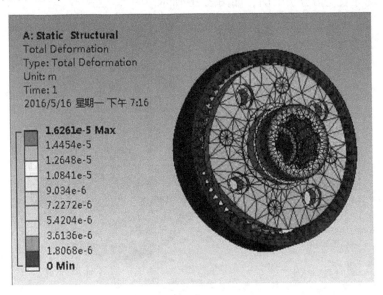

图 8.12　行星排总变形图

7. 保存与退出

点击【Mechanical】界面的关闭按钮，退出【Mechanical】回到

Workbench 主界面。这时主界面上项目管理区中显示的分析项目都勾选"√"；在 Workbench 主界面上点击工具栏中的【Save】按钮，保存文件，完成分析。点击关闭按钮，退出 Workbench。

8.2.3　结果分析

从等效应力和应变分析云图可以看出：最大等效应力为 90.18MPa，最大等效应变为 0.00044. 且都出现在离行星架近一点的那个行星齿轮面上，总变形最大为 0.016mm，显示在施加扭矩的行星架（框架总成）花键一端的最外圆柱表面上。另外在行星齿轮和太阳齿轮或齿圈啮合处也会出现 10 ~20 MPa 的应力，远小于许用应力，并且在此处的总变形很小，也可以忽略不计。

因此处太阳齿轮和行星齿轮用的材料是一样的，都是 20CrNi2MoA，齿圈的材料为 42CrMo，在它们啮合的地方产生的应力和变形也相对较小，考虑到生产时的经济性问题，行星齿轮和齿圈的材料可以选相对便宜一点的材料。

第9章 ANSYS 动力学分析

9.1 ANSYS 软件介绍

ANSYS 有限元软件包具备的是多用途的有限元法计算机设计程序，它可以帮助求解结构、流体、电力、电磁场及碰撞等问题。它可应用于下面这些工业领域：航空航天、汽车工业、生物医学、桥梁、建筑、电子产品、重型机械、微机电系统、运动器械等。

ANSYS 软件三个部分分别是：前处理模块、分析计算模块以及后处理模块。

ANSYS 有 ANSYS 经典版（Mechanical APDL）以及 ANSYS Workbench 版两个版本，本节主要使用 Workbench，它是为重新组合组件而设计的专用平台。

基于 Workbench 的仿真与传统仿真有三个不同。

（1）客户化：Workbench 与 PDM 一样，利用与仿真相关的 API，根据用户的产品研发流程特点开发，并实施形成仿真环境，而且用户自主开发的 API 与 ANSYS 原有的一样平等。这一特点也称为"实施性"。

（2）集成性：求解器在 Workbench 只被看作一个组件，并且求解器即使由不同 CAE 公司提供也都具有平等性，通过在 Workbench 中进行简单地开发，都可直接使用。

（3）参数化：Workbench 与 CAD 系统的关系特殊。它既可以直接用在 CAD 系统中建立的模型，又可以与 CAD 系统双向参数进行灵活地互动。

9.2　耦合机构的动力学分析

9.2.1　动力学分析介绍

结构动力学分析主要是用来求解随着时间变化的载荷对于所需要研究物体结构的影响，相对于静力学分析来说，动力学分析就显得相当复杂，主要是因为要考虑随时间变化的力载荷以及它对阻尼和惯性的影响，当然这也就导致从工程时间方面来说，结构动力学分析通常需要使用比静力学分析更多的计算机资源和更多的人力。AWE 可以进行的结构动力学分析的类型分为模态分析（Modal）、瞬态动力学分析（Flexible Dynamic）、随机振动分析（Random Vibration）和谐响应分析（Harmonic Response）。

本节主要对行星排进行谐响应分析。谐响应也就是周期响应，即持续的周期载荷在结构系统中产生的持续的周期性响应。谐响应分析是一种线性分析，主要是用来确定结构（线性）在承受随时间以简谐这种规律性进行变化的载荷时的稳态响应的其中一种技术。谐响应分析的主要是计算出结构在几种频率中的响应，也得到其中一些响应值（大多是位移）相对于频率的曲线图。谐响应分析用来计算结构在稳态时受迫的振动，这里不需要考虑当发生激励时的瞬态振动。它的目的也是使相关工作人员可以预测结构的持续性动力的特性，主要是在共振、疲劳和其他受迫振动所导致的不利影响进行有效的消除。

9.2.2　耦合机构谐响应分析的理论

基于动力学和有限元原理，可以知道谐响应分析结构的基本动力学方程为：

$$[M]\{\ddot{u}\} + [C]\{\dot{u}\} + [K]\{u\} = [F] \tag{9.1}$$

方程式中 $[M]$ 为结构质量矩阵，$[C]$ 为结构阻尼矩阵，$[K]$ 为结构刚度矩阵，$[\ddot{u}]$ 为节点加速度矢量，$[\dot{u}]$ 节点速度矢量，$[u]$ 为节点位移矢量，$[F]$ 为力矢量。

对于受迫振动的稳态响应，结构所有的节点均以相同的频率振动，由于存在阻尼，各节点的相位可以不同。

因为模态分析是动力学分析的基础内容，所以耦合机构首先要进行模态分析，这也是一个动力学分析（谐分析、瞬态动力学等）的前期分析过程。模态分析是用来确定机器部件或者设计机构的振动特性，也就是承受动态载荷结构设计中的关键参数（固有频率和振型）。提前进行模态分析的好处主要是以下两点。

（1）在进行结构或者机器部件设计前可以预先避免也许会引起的共振；

（2）在其他动力学分析中可以用于帮助估算求解时间以及得到机构中构件的固有频率等控制参数。由于结构对于各种动力载荷的响应情况取决于结构的振动特性，这就表明在进行其他动力学分析前首先进行模态分析有很大的必要。

9.2.3 耦合机构模态分析

耦合机构的模态分析步骤如下。

1. 启动 Workbench 并建立分析项目

（1）在计算机 Windows 系统下执行"开始"→"所有程序"→找到 ANSYS 12.1 下的 Workbench 命令，然后启动 Workbench12.1，进入 Workbench 页面。

（2）双击 Toolbox（工具箱）下选项中的 Component Systems→Geometry 选项，这时可以看到分析项目 A 已经在项目管理区创建，如图 9.1 所示。

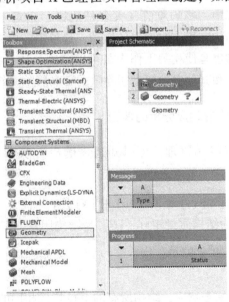

图 9.1　创建项目 A

（3）选择 Toolbox 选项中的 Analysis System→Modal（ANSYS），按住鼠标左键不放，把它拖动到项目管理区中，选择项目 A 中的 Geometry，出现颜色变化时松开鼠标，可以观察到项目已经关联，并且相关联的项目可以共享数据，如图 9.2 所示。

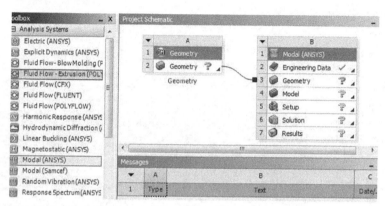

图 9.2　创建关联项目

2. 导入创建几何体

（1）选择 A2 栏的 Geometry，并单击鼠标右键，会出现快捷菜单，并选择 Import Geometry→Browse 命令，这时会弹出"打开"命令。

（2）在"打开"对话框中选择所需文件的所在位置，导入行星排几何文件，当 A2 栏 Geometry 后的"?"变为"√"，表示行星排的实体模型已经存在，如图 9.3 所示。

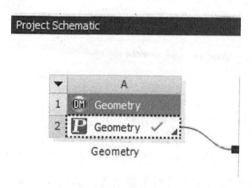

图 9.3　导入几何体

（3）双击项目 A 中的 A2 栏 Geometry，这时会进入到 Design Modeler 界面，可以看图形窗口中有没有图形显示。

（4）单击 Generate（生成）命令，可以看到行星排生成，如图9.4所示。

（5）在 Design Modeler 界面选择关闭按钮，这时退出 Design Modeler，回到之前的 Workbench 主界面。

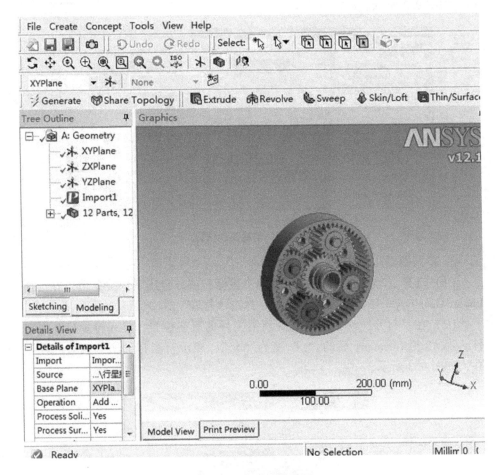

图9.4　生成后的界面

3. 添加材料库

（1）选择项目 B 中的 B2 栏，然后双击，会进入到对材料参数进行设置的界面，进行行星排相关构件的材料参数设置，如图9.5所示。

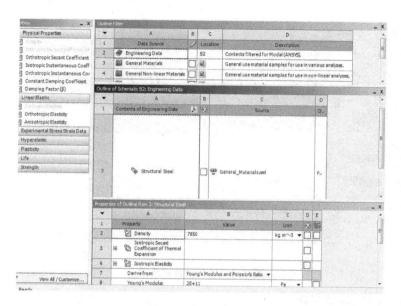

图 9.5　材料设置界面

（2）在材料设置界面中的 Outline of Schematic：经过查阅某混合动力汽车耦合机构相关资料，可以得到行星排各构件的材料特性。Engineering Data 选择 A4 栏输入 20CrNi2MoA，此时前面有 "?"，需要双击 Tool Box（工具箱）中 Physical Properties（物理特性）→ Density（密度）和 Linear Elastic → Isotropic Elasticity；此时在表格 Properties Of Outline Row4：20CrNi2MoA 中会出现 Density 和 Isotropic Elasticity 项。输入 Density（密度）、Youngs Modulus（弹性模量）、Poission's Ratio（泊松比）的值，查表可知 20CrNi2MoA 的密度、弹性模量、泊松比分别为 7870、2.10E+11Pa、0.275。同样再在 Outline of Schematic：Engineering Data 选择 A5 栏，输入 42CrMo，重复上述步骤，输入 Density（密度）、Youngs Modulus（弹性模量）、Poission's Ratio（泊松比）的值，查表可知 42CrMo 的密度、弹性模量、泊松比分别为 7850、2.12E+11、0.280。重复以上步骤，A6 栏中输入 Q235，输入 Density（密度）、Youngs Modulus（弹性模量）、Poission's Ratio（泊松比）的值，查表知道分别为 7860、2.12E+11、0.288。重复以上步骤，A7 栏中输入 GCr15，输入 Density（密度）、Youngs Modulus（弹性模量）、Poission's Ratio（泊松比）的值，分别为 7830、2.19E+11、0.300。设置完后单击 "Return to Project" 按钮，返回到 Workbench 主界面。材料设置完成界面如图 9.6 所示。

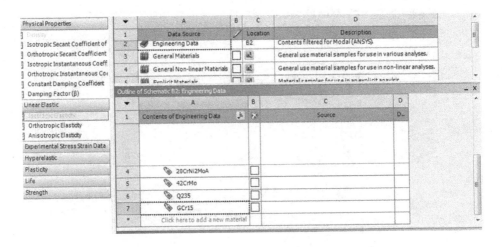

图9.6　材料设置完成图

4. Mechanical 操作

（1）选择项目B中B4栏的Model双击，进入Mechanical界面，首先给各构件添加材料，点击Model（B4）选项下的Geometry前的"+"，包含的零件会显示出来。左键点击框架总成，在左下角的Details of "框架总成"可以看到Material→Assignment右边列表中选择之前添加过的42CrMo，此时材料添加成功。同样，同时选择所有的行星轮，可以看到Material→Assignment右边列表中选择之前添加过的20CrNi2MoA。选择太阳轮，在Material→Assignment右边列表中选择之前添加过的20CrNi2MoA。重复上述步骤，齿圈、行星轮轴、深沟球轴承分别选择42CrMo、42CrMo、GCr15，此时零件材料已经选择完，如图9.7所示。

（2）建立Coordinate System。点击Model（B4）下的Coordinate Systems，右键，选择Insert→Coordinate System，此时选择框架总成外圆柱面，完成坐标系的建立，如图9.8所示。

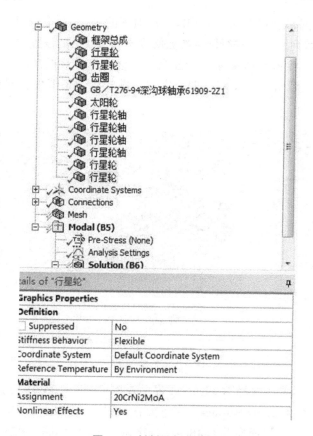

图 9.7　材料添加完成图

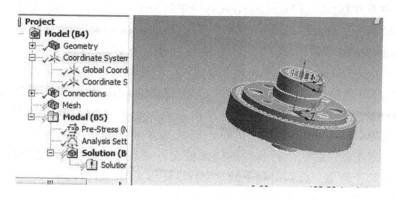

图 9.8　坐标系建立

（3）划分网格。点击 Model（B4）选项下的 Mesh 命令，可以在"Details of Mesh"（参数列表）中进行网格参数修改，选择默认的设置。点击右键，会弹出快捷菜单，再选择 Generate Mesh 命令，会出现表示正在进行网格划分的进度显示条，大致等待 15s 网格划分完成，进度显示条消失，网格效果如图 9.9 所示。

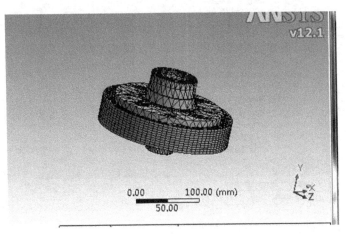

图 9.9　网格效果

（4）参数设置。选择 Mechanical 界面左侧 Outline（分析树）中的 Modal（B5）选项下的 Analysis Settings，左下方在 Options 选项下的 Max Model 输入 6。选择 Mechanical 界面左侧 Outline（分析树）中的 Modal（B5）选项，单击鼠标右键，在弹出的快捷菜单中选择 Insert→Fixed Support，选择齿圈一个端面，在左下方 Details of Fixed Support 选项中的 Scope 下的 Geometry 单击 Apply，此时齿圈的一个端面已经固定。同样选择 Mechanical 界面左侧 Outline（分析树）中的 Modal（B5）选项，单击鼠标右键，在弹出的快捷菜单中选择 Insert→Cylindrical support，单击框架总成的一个外圆柱面，在左下方 Details of Fixed Support 选项中的 Scope 下的 Geometry 单击 Apply，此时对框架总成完成圆柱面约束。同样选择 Mechanical 界面左侧 Outline（分析树）中的 Modal（B5）选项，单击鼠标右键，在弹出的快捷菜单中选择 Insert→Cylindrical support，单击其中的一个行星轮的内圆柱面，完成对这个行星轮的圆柱面约束。重复以上步骤，分别对剩下的三个行星轮和太阳轮进行约束，至此已经完成所有的约束。如图 9.10 所示。

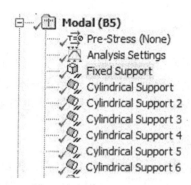

图 9.10　约束

（5）进行模态分析。选择 Mechanical 界面左侧 Outline（分析树）中的 Solution（B6）命令，点击右键，会弹出快捷菜单，并选择 Solve 命令，会出现表示正进行模态分析的进度条。模态分析完成时，进度条消失，得到行星排前 6 阶固有频率，全部点亮（Select All）屏幕右下角的结果表格，然后从右键的快捷菜单中提取前六阶型振型（Create Mode Shape Results），这样可以从振型的动画的形式中非常直观地观察到各阶振型，结果如图 9.11 所示。

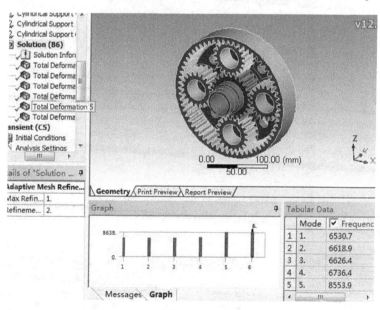

图 9.11　6 阶频率

9.2.4　耦合机构的谐响应分析

由于前面对耦合机构进行了模态分析，完成了对进行动力学分析的基本，下边进行动力学分析，即是谐响应分析。谐响应分析是一种线性分析，主要是用来确定结构（线性）在承受随时间以简谐这种规律性进行变化的载荷时的稳态响应的其中一种技术。

耦合机构谐响应分析步骤如下。

（1）建立项目相关性。点击主页面的 Toolbox（工具箱）中的 Ansysis Systems 下的谐响应分析 Harmonic Response（ANSYS），按住鼠标左键，拖动至项目 B 中的 B4（Model）出现红色时放下，此时会出现项目 C，可以看出项目 C 与项目 B 已经创建关联，如图 9.12 所示。

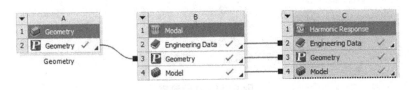

图 9.12　项目 C

（2）选择分析类型和施加载荷和约束。首先进行分析类型选择，双击项目 C 中的 C5 栏（Setup），进入 Mechanical 工作页面。选择 Mechanical 界面左侧 Outline（分析树）中的 Harmonic Response（C5），进行设定输入的激励频谱是确定边界条件的关键环节，也即是点击 Analysis Settings 进行动态载荷的频谱范围和频率点步长的设置，在左下方的 Details of Analysis Settings 中 Options 下 分 别 输 入，Frequency → Liner、Range Maximum → 6835.8Hz、RangeMinimum→0、Solution Intervals→100，也就是载荷步数为 100。以下的选择默认设置，如图 9.13 所示。

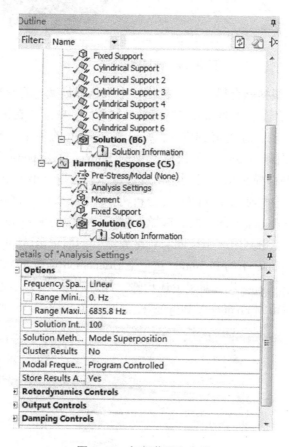

图 9.13　扫频范围和步长

下面进行施加载荷和约束，选择 Harmonic Response（C5），点击右键并在弹出的快捷菜单中选择 Insert→Fixed Support，点击齿圈一个端面，在左下方 Details of Fixed Support 选项中的 Scope 下的 Geometry 单击 Apply，完成对齿圈约束。选择 Harmonic Response（C5），点击右键并在弹出的快捷菜单中选择

Insert→Moment，点击框架总成外圆柱面，在左下方 Details of Fixed Support 选项中的 Definition 选项中的 Y Component 输入 1800000N. mm（选择发动机最大输出扭矩），完成发动机扭矩输出，如图 9.14 所示。

图 9.14　施加载荷和约束

（3）求解。根据耦合机构实际机构，本次选择齿圈与行星轮啮合面、行星轮与太阳轮啮合面、框架总成与行星轴的接触面、框架总成花键与发动机的啮合面为研究对象，分别得到在 x、y、z 轴方向上的频率位移曲线。选择 Mechanical 界面左侧 Outline（分析树）中的 Harmonic Response（C6）选项下的 Solution，右键选择 Solve，此时会出现进度条，会持续半个小时左右，当完成时进度条消失，此时选择 Outline（分析树）中的 Solution（C6）下会出现如图 9.15 所示的 Frequency 图。然后选择上方工具栏中的 Frequency Response 下的 Deformation，点击其中一个齿圈与行星轮啮合的面单击 Apply，并在 Details of Frequency Response 下的 Definition 选项下 Orientation 选择 X Axis，点击 Solve，得到 Frequency Response 图。重复上述步骤，分别选择 Y Axis、Z Axis，并分别点击 Solve，可以得到 Frequency Response，如图 9.16 至图 9.18 所示。

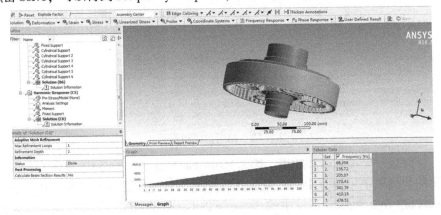

图 9.15　Frequency 图

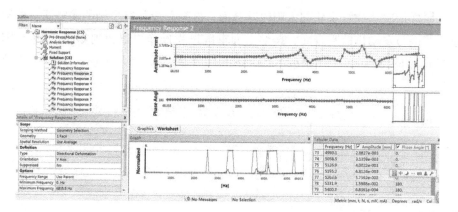

图 9.16　齿圈与行星轮啮合面 Y 方向 Frequency Response

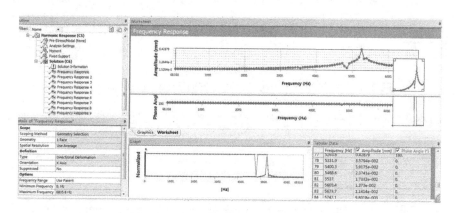

图 9.17　齿圈与行星轮啮合面 X 方向 Frequency Response

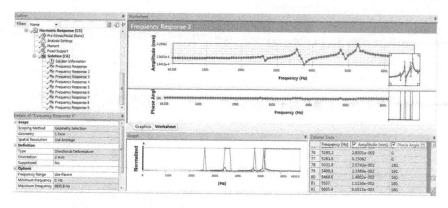

图 9.18　齿圈与行星轮啮合面 Z 方向 Frequency Response

　　同样依次选择行星轮与太阳轮啮合面、框架总成与行星轴的接触面、框架总成花键与发动机的啮合面，按照上面求解过程操作可以得到如图 9.19 至图 9.27 所示的 Amplitude（幅值）、Normalized（变形）以及 Phase angle（相位角）。

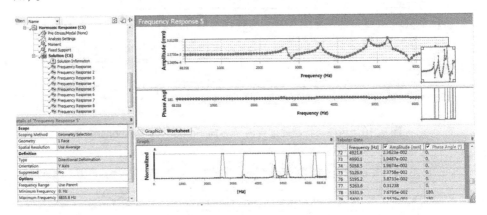

图 9.19　行星轮与太阳轮啮合面 Y 方向 Frequency Response

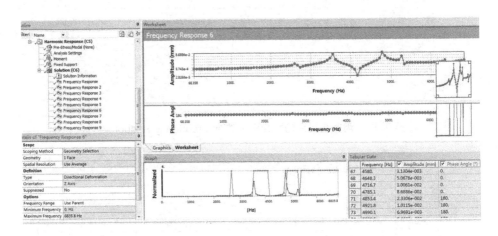

图 9.20　行星轮与太阳轮啮合面 Z 方向 Frequency Response

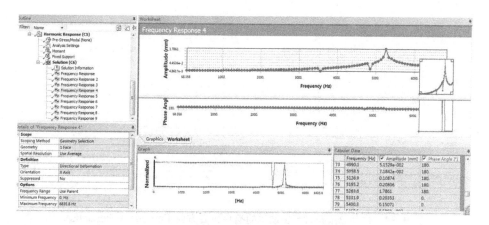

图 9.21　行星轮与太阳轮啮合面 X 方向 Frequency Response

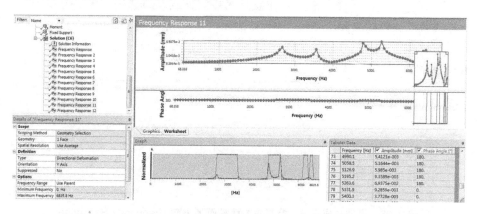

图 9.22　框架总成与行星轴的接触面 Y 方向 Frequency Response

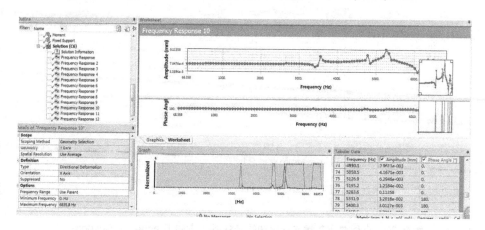

图 9.23　框架总成与行星轴的接触面 X 方向 Frequency Response

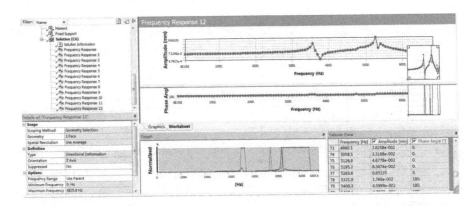

图 9.24　框架总成花键与发动机的啮合面 Z 方向 Frequency Response

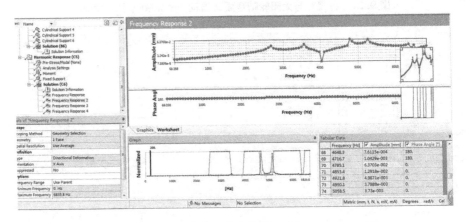

图 9.25　框架总成花键与行星轴的接触面 X 方向 Frequency Response

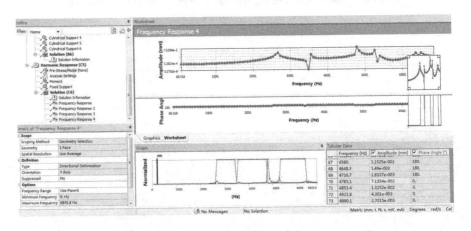

图 9.26　框架总成花键与行星轴的接触面 Y 方向 Frequency Response

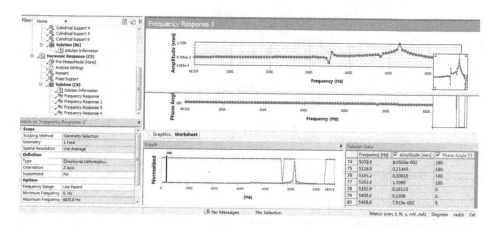

图 9.27　框架总成花键与行星轴的接触面 Z 方向 Frequency Response

（4）保存与退出。单击 Mechanical 界面右上角的关闭按钮，退出 Mechanical 返回到 Workbench 主界面。此时主界面中的项目管理区中显示的分析项目均已完成。在 Workbench 主界面中单击常用工具栏中的 Save（保存）按钮，保存包含有分析结果的文件。单击右上角的关闭按钮，退出 Workbench 主界面，完成项目，如图 9.28 所示。

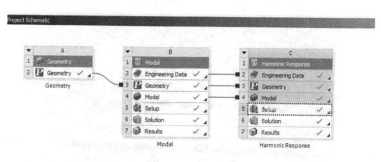

图 9.28　完成总图

9.2.5　谐响应结果分析

依据以上步骤图中数据及统计的计算结果，分析得出各个方向出现最大位移时的频率表，如表 9.1 所示。并且在 ANSYS 中可以得到行星轮以及框架总成的位移变形图，如图 9.29 至图 9.31 所示。

表 9.1 频响表

检测平面	方向	固有频率/Hz	最大位移的响应值/mm
行星轮啮合面 （与齿圈）	X	5263.6	0.43
	Y	5263.6	5.74e-002
	Z	5263.6	0.25
行星轮啮合面 （与太阳轮）	X	5263.6	1.79
	Y	5263.6	0.31
	Z	4785.1	8.69e-002
框架总成花键啮合面 （与发动机）	X	5263.6	0.11
	Y	5263.6	6.94e-002
	Z	5263.6	0.65
框架总成花键接触面 （与行星轴）	X	4785.1	6.37e-002
	Y	4785.1	7.14e-002
	Z	5263.6	1.71

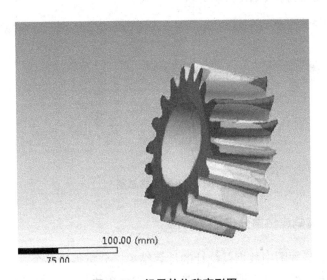

100.00 (mm)

75.00

图 9.29 行星轮位移变形图

图 9.30　4785.1Hz 时，框架总成位移变形图

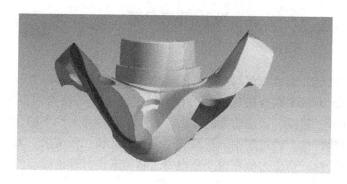

图 9.31　5623.6Hz 时，框架总成位移变形图

经分析可以得出以下几个结论：

（1）由以上位移变形图以及表 9.1 可知，输入激励频谱后，也就是在动态载荷的频谱范围内，行星轮和框架总成会出现振动问题。

（2）经查阅资料知，动态载荷的频率与行星排固有频率相近时，会出现最大位移。由表 9.1 出现最大位移时的频率可知，框架总成在整机情况下的固有频率为 5623.6Hz、4785.1Hz 左右。行星轮的固有频率为 5623.1Hz 左右。

（3）进行比较各方向的最大位移时，可知行星轮 X 方向的位移大于 Y、Z 方向的位移，框架总成花键在 Z 方向位移相对于 X、Y 方向最大。

（4）由图 9.29、图 9.30 以及图 9.31，可知行星轮和框架总成主要振动形式。并且框架总成在 5623.6Hz 时呈现以弯曲为主的振动形式，在 4785.1Hz 呈现径向移动和弯曲的振动形式。在 5623.1Hz 下，行星轮位移最大在出现啮合齿上，出现扭转变形。

第 10 章　本书总结及其展望

10.1　本书总结

本书针对混合动力汽车耦合机构的核心行星齿轮机构的静力学和动力学分析，对混合动力汽车耦合机构的部件在两种工况下进行疲劳强度的验证性研究。采用分析、建模、运动仿真的方法，确定了混合动力汽车耦合机构在两种工况下的力学特性。经过理论分析和软件仿真，比较二者结果，大体符合预期所选的材料特性，切应力值在误差范围内。总体来说，理论值与仿真结果还是比较温和的。

10.2　该领域未来展望及进一步工作方向

作为一项前沿性的新技术，混合动力汽车的前景是十分广阔的，它蕴含着具大的潜力，但就目前而言，它还是很不完善的，需要更多的技术支持，需要广大科研工作者的努力探索，相信在混合动力汽车领域有一个很光明的未来。

针对本书主要内容行星齿轮的力学特性分析，主要是基于理论层面的，其实际工作条件下的各个部件的力学特性、疲劳强度特性要想通过软件具体真实的模拟是很难实现的。在此基础上，我们应该完善研究方法，找出新的研究思路，并且对已有数据进行合理的分析和处理，尤其对于软件仿真方面应当做深入的研究，以寻求更贴近实际的仿真结果。

附录　本书所用的实验数据

发动机转速	车速	转矩
1016. 141	90	40
1016. 234	90	39. 6
1016. 344	90	39. 2
1016. 391	89	39. 2
1016. 453	89	39. 2
1016. 484	89	39. 2
1016. 547	89	39. 2
1016. 594	88	39. 2
1016. 656	88	39. 6
1016. 687	89	39. 6
1016. 75	89	39. 6
1016. 797	89	39. 6
1016. 844	89	39. 2
1016. 906	89	39. 2
1016. 953	89	39. 2
1017	89	39. 2
1017. 047	89	39. 2
1017. 094	88	39. 2
1017. 156	88	39. 2
1017. 187	87	39. 2
1017. 25	87	39. 2

发动机转速	车速	转矩
1017. 297	87	39. 2
1017. 344	87	39. 2
1017. 406	88	39. 2
1017. 437	88	39. 2
1017. 5	88	39. 2
1017. 547	88	39. 2
1017. 594	88	39. 2
1017. 656	88	39. 2
1017. 687	88	39. 2
1017. 734	88	39. 2
1017. 797	88	39. 2
1017. 859	88	39. 2
1017. 906	89	39. 2
1017. 937	89	39. 2
1018	87	39. 2
1018. 047	87	39. 2
1018. 109	88	39. 2
1018. 156	88	39. 2
1018. 187	89	39. 2
1018. 25	89	39. 2
1018. 297	88	39. 2
1018. 344	88	39. 2
1018. 406	88	39. 2
1018. 437	88	38. 8
1018. 5	88	38. 8
1018. 547	88	38. 8
1018. 594	88	38. 8
1018. 656	88	38. 4

发动机转速	车速	转矩
1018. 703	87	38. 4
1018. 75	87	38. 4
1018. 812	88	38. 4
1018. 859	88	38
1018. 906	87	38
1018. 953	87	38
1019	86	38
1019. 047	86	38
1019. 109	87	38
1019. 156	87	38
1019. 203	86	38
1019. 25	86	37. 6
1019. 297	86	37. 6
1019. 359	86	37. 6
1019. 406	86	37. 6
1019. 453	86	37. 6
1019. 5	86	37. 6
1019. 547	86	37. 6
1019. 609	87	37. 6
1019. 656	87	37. 2
1019. 703	86	37. 2
1019. 766	86	37. 2
1019. 828	86	37. 2
1019. 859	86	36. 8
1019. 906	85	36. 8
1019. 969	85	36. 4
1020. 031	85	35. 6
1020. 078	85	34. 8

发动机转速	车速	转矩
1020. 109	84	34. 8
1020. 172	84	34. 8
1020. 219	78	34. 8
1020. 25	78	34. 4
1020. 312	78	34. 4
1020. 344	78	34. 4
1020. 422	77	34. 4
1020. 453	77	34. 4
1020. 5	78	34
1020. 562	78	34
1020. 594	77	34
1020. 656	77	33. 6
1020. 719	76	33. 6
1020. 812	76	33. 2
1020. 844	76	33. 2
1021	76	33. 2
1021. 156	76	33. 2
1021. 25	75	33. 2
1021. 344	76	33. 2
1021. 406	76	33. 2
1021. 437	76	32. 8
1021. 5	77	32. 4
1021. 547	77	32. 4
1021. 594	75	32. 4
1021. 656	75	32. 4
1021. 703	77	32. 4
1021. 75	77	32. 4
1021. 812	77	32. 4

发动机转速	车速	转矩
1021.859	77	32.8
1021.906	77	33.2
1021.953	77	33.2
1022	77	33.2
1022.047	77	32.4
1022.094	79	32.4
1022.156	79	32.4
1022.203	78	32.4
1022.25	78	32.4
1022.297	80	32.4
1022.344	80	32.4
1022.406	80	32.4
1022.453	80	32.4
1022.5	79	32.4
1022.547	79	32.4
1022.609	80	32.4
1022.641	80	32.4
1022.703	80	32.4
1022.75	80	32.4
1022.797	81	32.4
1022.859	81	32.4
1022.906	81	32.4
1022.937	81	32.4
1023	81	32.4
1023.047	81	32.4
1023.094	81	32.4
1023.156	81	32.4
1023.203	82	32.4

发动机转速	车速	转矩
1023. 25	82	32. 4
1023. 312	82	32
1023. 344	82	32
1023. 406	82	32
1023. 453	82	32
1023. 5	81	32
1023. 562	81	32
1023. 609	81	32
1023. 656	81	32
1023. 703	82	32
1023. 75	82	32
1023. 812	82	32
1023. 844	82	32
1023. 906	82	32
1023. 937	82	32
1024	82	31. 6
1024. 062	82	31. 2
1024. 109	82	30. 8
1024. 172	82	30. 8
1024. 203	80	30. 8
1024. 266	80	30. 8
1024. 312	81	30. 8
1024. 359	81	30. 8
1024. 406	80	30. 8
1024. 453	80	30. 8
1024. 516	81	30. 8
1024. 562	81	30. 8
1024. 609	81	30. 8

发动机转速	车速	转矩
1024. 672	81	30. 8
1024. 703	81	30. 8
1024. 766	81	30. 8
1024. 828	81	30. 8
1024. 859	81	30. 8
1024. 906	81	30. 8
1024. 953	81	30. 8
1025	80	30. 4
1025. 031	80	30. 4
1025. 109	81	30. 4
1025. 156	81	30
1025. 203	80	30
1025. 266	80	28. 4
1025. 312	80	27. 2
1025. 344	80	26
1025. 406	82	24. 8
1025. 453	82	23. 2
1025. 516	84	22
1025. 578	84	20. 4
1025. 625	80	19. 2
1025. 672	80	16
1025. 703	77	14. 8
1025. 828	66	13. 2
1025. 922	60	12. 8
1026. 031	53	12. 8
1026. 062	53	12. 4
1026. 156	56	12. 4
1026. 25	55	11. 6

发动机转速	车速	转矩
1026. 344	55	11. 6
1026. 391	53	11. 6
1026. 453	53	11. 6
1026. 5	52	11. 6
1026. 547	52	11. 6
1026. 594	53	12
1026. 656	53	12. 4
1026. 703	53	12. 8
1026. 75	53	13. 2
1026. 812	53	13. 2
1026. 844	53	13. 2
1026. 891	56	13. 2
1026. 937	56	13. 2
1026. 984	57	14
1027. 031	57	16
1027. 094	57	16. 8
1027. 156	57	18
1027. 203	64	18. 4
1027. 234	64	18. 8
1027. 297	69	19. 2
1027. 328	69	19. 2
1027. 391	70	19. 2
1027. 453	70	19. 2
1027. 484	71	19. 2
1027. 547	71	19. 2
1027. 594	73	19. 2
1027. 641	73	19. 2
1027. 687	72	19. 2

发动机转速	车速	转矩
1027.734	72	19.2
1027.797	74	19.2
1027.844	74	19.2
1027.937	73	19.2
1027.984	73	19.2
1028.047	73	19.2
1028.094	74	19.2
1028.141	74	19.2
1028.187	74	19.2
1028.234	74	19.2
1028.297	76	19.2
1028.344	76	19.2
1028.391	75	18.8
1028.453	75	17.6
1028.484	76	16.4
1028.547	76	16
1028.594	73	16
1028.641	73	16
1028.687	71	16
1028.734	71	16
1028.812	73	16
1028.844	73	16
1028.891	73	15.6
1028.953	73	15.2
1029	71	14.8
1029.047	71	14.4
1029.094	70	14
1029.141	70	13.6

发动机转速	车速	转矩
1029. 203	69	13. 2
1029. 25	69	10. 4
1029. 297	67	6. 8
1029. 344	67	1. 2
1030. 641	10	0
1030. 703	9	3. 2
1030. 812	8	11. 2
1030. 891	18	19. 2
1031	31	20. 4
1031. 031	31	20. 4
1031. 141	45	20. 4
1031. 25	56	20. 4
1031. 312	53	20. 4
1031. 328	53	20
1031. 391	59	20
1031. 437	59	19. 6
1031. 5	58	19. 6
1031. 547	58	19. 6
1031. 594	59	19. 6
1031. 641	59	19. 6
1031. 687	60	19. 6
1031. 734	60	19. 6
1031. 781	62	19. 6
1031. 844	62	19. 2
1031. 891	62	18. 4
1031. 937	62	17. 2
1031. 984	64	16. 4
1032. 047	64	15. 2

发动机转速	车速	转矩
1032.094	61	14.8
1032.141	61	14.8
1032.203	59	14.4
1032.234	59	14.4
1032.281	62	14
1032.344	62	13.6
1032.391	61	13.2
1032.437	61	12.4
1032.484	60	12
1032.531	60	12
1032.594	59	11.6
1032.641	59	11.2
1032.703	60	10.8
1032.734	60	10.8
1032.812	61	11.2
1032.844	61	11.2
1032.937	57	11.6
1033	62	11.6
1033.047	62	11.2
1033.094	64	11.2
1033.141	64	11.2
1033.203	63	11.2
1033.25	63	11.2
1033.297	64	11.2
1033.359	64	11.2
1033.391	65	11.2
1033.437	65	11.2
1033.5	66	11.2

发动机转速	车速	转矩
1033.547	66	11.2
1033.594	67	11.2
1033.641	67	10
1033.687	66	9.2
1033.75	66	8.4
1033.812	66	8
1033.844	66	7.2
1033.891	59	7.2
1033.937	59	7.2
1034	58	7.2
1034.047	58	6.8
1034.094	56	6.4
1034.156	56	6
1034.203	57	5.6
1034.25	57	5.2
1034.297	55	5.2
1034.344	55	5.2
1034.391	53	5.2
1034.453	53	5.2
1034.484	53	5.2
1034.562	53	5.6
1034.594	53	6.4
1034.656	53	8
1034.703	54	8.8
1034.75	54	9.6
1034.812	58	10.4
1034.844	58	12.8
1034.906	65	14

发动机转速	车速	转矩
1034.953	65	15.2
1035.016	70	15.6
1035.047	70	16
1035.109	70	16
1035.156	70	16
1035.203	71	16.4
1035.25	71	18.4
1035.297	73	20.4
1035.344	73	22
1035.406	74	22.4
1035.453	74	22.8
1035.5	73	22.8
1035.547	73	22.8
1035.594	73	22.4
1035.641	73	22
1035.703	73	21.2
1035.75	73	20.8
1035.812	73	20
1035.891	70	18
1036	63	16.8
1036.031	63	15.6
1036.141	64	15.2
1036.25	62	14.8
1036.297	64	14.8
1036.328	64	14.8
1036.406	64	14.4
1036.437	64	14
1036.5	65	13.6

发动机转速	车速	转矩
1036.531	65	13.6
1036.594	62	14
1036.625	62	14
1036.687	63	14
1037	66	14
1037.047	66	14.4
1037.094	68	14.4
1037.156	68	14.8
1037.187	69	15.2
1037.234	69	15.6
1037.297	70	15.6
1037.344	70	15.6
1037.391	73	16.4
1037.453	73	17.6
1037.5	73	18
1037.531	73	18
1037.594	74	18.4
1037.656	74	18
1037.687	77	18
1037.75	77	18
1037.797	77	18
1037.844	77	18.4
1037.891	77	18.4
1037.937	77	18.4
1037.984	77	18.4
1038.047	77	18.4
1038.094	77	18.4
1038.141	77	18.4

发动机转速	车速	转矩
1038. 203	77	18. 4
1038. 25	77	18
1038. 312	78	18
1038. 344	78	18
1038. 406	78	18
1038. 437	78	18. 4
1038. 5	78	18. 4
1038. 547	78	18. 4
1038. 609	78	18. 4
1038. 656	78	18. 4
1038. 687	77	18. 8
1038. 734	77	19. 2
1038. 797	78	19. 6
1038. 844	78	20
1038. 906	78	20
1038. 953	78	20
1039	81	20
1039. 047	81	20
1039. 094	81	20
1039. 156	81	20
1039. 187	80	20
1039. 25	80	20
1039. 297	81	20
1039. 344	81	20
1039. 406	80	20
1039. 453	80	20
1039. 516	79	20
1039. 547	79	20

发动机转速	车速	转矩
1039. 594	81	19. 6
1039. 656	81	19. 6
1039. 687	80	19. 6
1039. 75	80	19. 6
1039. 812	78	19. 6
1039. 859	78	19. 6
1039. 906	80	19. 6
1039. 953	80	19. 6
1040. 016	80	19. 6
1040. 047	80	19. 6
1040. 109	80	19. 6
1040. 156	80	19. 6
1040. 203	79	19. 6
1040. 25	79	19. 6
1040. 297	81	19. 6
1040. 359	81	19. 6
1040. 406	79	19. 6
1040. 437	79	19. 6
1040. 516	79	19. 6
1040. 547	79	19. 6
1040. 609	79	19. 2
1040. 656	79	18. 8
1040. 719	79	18. 8
1040. 75	79	18. 8
1040. 797	78	18. 8
1040. 906	78	18. 8
1040. 937	78	18. 8
1041	78	18. 8

发动机转速	车速	转矩
1041.031	78	18.8
1041.141	78	18.8
1041.25	76	18.8
1041.281	76	18.8
1041.344	76	18.8
1041.391	77	18.8
1041.437	77	18.8
1041.5	77	18.8
1041.531	77	18.8
1041.594	76	18.8
1041.656	76	18.8
1041.687	77	18.8
1041.75	77	18.8
1041.797	76	18.4
1041.844	76	18.4
1041.906	76	18
1041.937	76	18
1041.984	75	17.6
1042.031	75	17.2
1042.094	74	16.4
1042.156	74	14.4
1042.187	74	10.4
1044.359	2	0
1044.406	3	0.8
1044.437	3	4
1044.5	3	6.4
1044.547	3	9.2
1044.609	23	12

发动机转速	车速	转矩
1044.672	23	16.8
1044.719	19	18.8
1044.766	19	20
1044.812	40	20.4
1044.875	40	20.4
1044.922	47	19.6
1044.984	47	18.8
1045	47	17.6
1045.047	47	15.2
1045.094	47	15.2
1045.141	47	15.2
1045.203	49	14.8
1045.25	49	13.2
1045.297	48	12.8
1045.344	48	12
1045.406	46	11.2
1045.437	46	10
1045.484	47	10
1045.547	47	10
1045.609	45	9.6
1045.656	45	7.2
1045.703	47	6.4
1045.75	47	6
1045.797	42	4.8
1045.906	46	4
1045.953	46	4
1046	34	4
1046.031	34	4.4

发动机转速	车速	转矩
1046. 156	45	5. 6
1046. 25	46	9. 6
1046. 281	53	11. 6
1046. 344	53	13. 2
1046. 391	57	14. 4
1046. 453	57	14. 8
1046. 484	65	14
1046. 547	65	13. 2
1046. 594	67	12
1046. 656	67	11. 6
1046. 687	57	11. 2
1046. 75	57	11. 2
1046. 812	54	11. 2
1046. 844	54	10. 4
1046. 906	55	10
1046. 937	55	9. 6
1046. 984	57	9. 6
1047. 047	57	9. 2
1047. 109	52	9. 2
1047. 156	52	9. 2
1047. 187	54	9. 2
1047. 25	54	9. 2
1047. 281	56	9. 2
1047. 344	56	8. 8
1047. 391	58	8. 8
1047. 437	58	8. 4
1047. 5	58	8. 4
1047. 547	58	8

发动机转速	车速	转矩
1047.594	57	7.6
1047.641	57	6.8
1047.719	58	6.8
1047.75	58	6.8
1047.812	57	6.8
1047.844	57	6.8
1047.906	56	6.8
1047.937	56	6.8
1048	58	6.8
1048.047	58	6.8
1048.094	59	6.8
1048.141	59	6.8
1048.203	60	6.4
1048.25	60	6.4
1048.297	61	6.4
1048.344	61	6.4
1048.391	59	6.4
1048.453	59	6.4
1048.484	61	6.4
1048.547	61	6.4
1048.594	61	6.4
1048.656	61	6.4
1048.703	62	6.4
1048.75	62	6.4
1048.797	62	6.4
1048.844	62	6.4
1048.906	63	6
1048.953	63	6

发动机转速	车速	转矩
1049.016	64	6
1049.062	64	6
1049.094	63	6
1049.141	63	6
1049.219	63	6
1049.937	64	6
1050	64	5.6
1050.047	64	4.8
1050.094	64	4.4
1050.141	64	4.4
1050.219	59	4
1050.266	59	4
1050.297	57	4
1050.344	57	3.6
1050.406	54	3.6
1050.437	54	3.2
1050.703	54	3.2
1050.75	54	2.8
1050.797	54	2.8
1050.891	52	1.2
1050.937	52	0.8
1051	52	0.8
1051.047	52	0.8
1051.094	43	0.8
1051.141	43	0.8
1051.203	47	0.8
1051.484	49	0
1051.531	49	0.4

发动机转速	车速	转矩
1051. 594	45	0. 8
1051. 656	45	1. 6
1051. 703	44	3. 2
1051. 75	44	4. 4
1051. 812	52	5. 6
1051. 859	52	10
1051. 906	57	13. 2
1051. 953	57	15. 6
1052	65	16. 4
1052. 047	65	16. 8
1052. 094	63	16
1052. 156	63	12. 4
1052. 187	60	6
1052. 25	60	0
1052. 297	52	0
1052. 344	52	1. 6
1052. 406	28	3. 2
1052. 469	28	7. 2
1052. 516	28	8. 8
1052. 562	28	10. 4
1052. 609	37	12. 8
1052. 656	37	17. 2
1052. 687	51	20. 4
1052. 734	51	24. 4
1052. 797	62	28. 4
1052. 844	62	34
1052. 906	58	35. 2
1052. 937	58	35. 6

发动机转速	车速	转矩
1052. 984	61	36
1053. 047	61	35. 6
1053. 094	62	35. 2
1053. 156	62	34. 8
1053. 187	62	34
1053. 25	62	31. 6
1053. 297	63	30. 4
1053. 344	63	28. 8
1053. 391	66	28
1053. 437	66	26. 8
1053. 484	67	26
1053. 547	67	25. 6
1053. 609	68	24. 8
1053. 656	68	24
1053. 687	68	23. 6
1053. 734	68	22. 8
1053. 797	67	22. 4
1053. 844	67	21. 6
1053. 906	67	21. 2
1053. 937	67	20. 8
1054	68	20. 8
1054. 047	68	20. 8
1054. 094	68	20. 4
1054. 141	68	19. 6
1054. 187	69	18. 8
1054. 25	69	17. 6
1054. 297	69	16. 8
1054. 359	69	16. 4

发动机转速	车速	转矩
1054. 406	69	16. 4
1054. 453	69	16
1054. 5	71	16
1054. 547	71	16
1054. 594	71	16
1054. 656	71	16
1054. 719	72	16
1054. 781	72	15. 6
1054. 844	72	15. 6
1054. 906	72	15. 6
1055. 516	75	15. 2
1055. 594	76	15. 2
1055. 672	76	15. 2
1055. 953	76	14. 8
1056. 047	77	14. 8
1056. 156	76	14. 8
1056. 187	76	14. 8
1056. 25	76	14. 8
1056. 297	77	14. 8
1056. 344	77	14. 8
1056. 391	75	14. 8
1056. 437	75	14. 8
1056. 516	77	14. 8
1056. 547	77	14. 8
1056. 594	76	14. 8
1056. 641	76	14. 8
1056. 703	75	14. 8
1056. 75	75	14. 8

发动机转速	车速	转矩
1056.812	76	14.8
1056.859	76	15.2
1056.906	76	15.6
1056.969	76	15.6
1057.016	75	15.6
1057.078	75	15.6
1057.125	75	15.6
1057.172	75	15.6
1057.219	76	15.6
1057.266	76	15.6
1057.328	76	15.6
1057.375	76	15.6
1057.422	75	15.6
1057.469	75	15.6
1057.562	75	15.6
1057.609	76	15.6
1057.672	76	15.6
1057.734	76	15.6
1057.781	76	16
1057.844	77	16
1058.125	76	16
1058.172	76	16
1058.234	76	16.4
1058.281	76	16.8
1058.328	75	17.2
1058.375	75	17.6
1058.734	77	18
1058.797	77	18

发动机转速	车速	转矩
1058.859	77	18
1058.891	77	17.6
1058.937	77	17.6
1058.984	77	17.6
1059.016	77	17.6
1059.062	77	17.6
1059.125	76	17.6
1059.172	76	17.6
1059.219	78	17.2
1059.266	78	16.4
1059.312	78	16
1059.359	78	16.4
1059.406	78	16.8
1059.453	78	20
1059.531	77	22
1059.578	77	24.4
1059.625	77	26.4
1059.672	77	30.4
1059.734	78	32.4
1059.766	78	33.6
1059.844	79	35.2
1059.875	79	36
1059.937	80	36
1059.984	80	36
1060.031	81	36
1060.078	81	36
1060.141	83	35.6
1060.172	83	35.2

发动机转速	车速	转矩
1060. 234	85	35. 2
1060. 281	85	35. 2
1060. 328	85	35. 2
1060. 422	86	34. 8
1060. 641	87	33. 6
1060. 859	88	32
1061. 641	89	31. 2
1061. 703	88	31. 2
1061. 766	88	31. 2
1061. 812	89	31. 2
1061. 875	89	31. 2
1061. 922	89	31. 2
1061. 969	89	31. 2
1062. 016	89	31. 2
1062. 062	89	32
1062. 125	89	33. 2
1062. 172	89	34. 4
1062. 219	89	36
1062. 266	89	39. 2
1062. 328	88	40. 8
1062. 359	88	42. 4
1062. 422	89	44
1062. 469	89	46
1062. 516	90	46. 4
1062. 562	90	46. 4
1062. 609	90	46. 8
1062. 656	90	46. 8
1062. 703	90	47. 2

发动机转速	车速	转矩
1062.75	90	47.2
1062.797	90	47.6
1062.844	90	47.6
1062.906	90	47.6
1062.937	90	47.6
1063	91	47.6
1063.047	91	47.6
1063.125	92	47.6
1063.172	92	47.6
1063.219	91	48
1063.25	91	48
1063.297	91	47.6
1063.344	91	47.6
1063.391	91	47.6
1063.437	91	47.2
1063.516	92	47.2
1063.562	92	47.2
1063.609	91	47.2
1063.656	91	47.2
1063.703	91	46.8
1063.766	91	46.8
1063.812	92	46.4
1063.859	92	46.4
1063.906	92	46.4
1063.953	92	46.4
1064	91	46.4
1064.047	91	46
1064.109	92	46

发动机转速	车速	转矩
1064. 156	92	46
1064. 203	91	46
1064. 266	91	46
1064. 312	91	46
1064. 359	91	46
1064. 406	91	46
1064. 453	91	46
1064. 5	91	46
1064. 547	91	45. 6
1064. 594	90	45. 6
1064. 656	90	45. 6
1065. 203	90	45. 2
1065. 25	90	44. 8
1065. 297	90	44. 8
1065. 344	90	44. 8
1065. 406	90	44. 8
1065. 516	89	44. 8
1065. 609	89	44. 8
1065. 859	89	45. 2
1065. 937	89	45. 2
1066. 047	88	45. 2
1066. 094	89	45. 2
1066. 141	89	45. 2
1066. 187	90	45. 2
1066. 25	90	45. 2
1066. 797	88	45. 2
1066. 859	88	44. 8
1066. 906	89	44. 8

发动机转速	车速	转矩
1066.937	89	44.8
1067	88	44.8
1067.062	88	44.8
1067.094	88	44.8
1067.156	88	44.8
1067.187	89	44.8
1067.25	89	44.4
1067.297	89	44
1067.344	89	44
1067.406	89	43.6
1067.453	89	42.8
1067.5	88	42.4
1067.547	88	42
1067.594	88	41.2
1067.656	88	40.4
1067.703	88	40
1067.734	88	39.6
1067.812	88	39.6
1067.859	88	39.6
1067.906	89	39.6
1067.969	89	39.6
1068.016	88	39.6
1068.062	88	40
1068.109	88	40.4
1068.156	88	40.4
1068.203	89	40.8
1068.266	89	41.6
1068.297	90	41.6

发动机转速	车速	转矩
1068.359	90	42
1068.422	89	42
1068.453	89	42.8
1068.516	90	43.2
1068.562	90	44
1068.609	90	44.4
1068.656	90	44.8
1068.703	90	44.8
1068.75	90	44.8
1069.312	91	44.4
1069.359	91	44
1069.422	92	43.6
1069.453	92	43.2
1069.516	91	42.8
1069.562	91	42.8
1069.625	92	42.8
1069.656	92	42.8
1069.719	92	42.8
1069.766	92	42.8
1069.828	92	42.8
1069.859	92	42.8
1069.906	93	42.8
1069.953	93	42.8
1070.016	93	42.8
1070.062	93	42
1070.109	93	41.6
1070.156	93	41.2
1070.203	93	40.8

发动机转速	车速	转矩
1070. 266	93	40. 4
1070. 312	93	40
1070. 375	93	39. 2
1070. 516	93	36. 4
1070. 609	93	32. 4
1070. 844	92	22. 4
1070. 953	92	20. 8
1071. 047	91	17. 2
1071. 094	90	16. 8
1071. 156	90	15. 6
1071. 203	83	14. 8
1071. 25	83	13. 6
1071. 297	80	12. 8
1071. 359	80	12
1071. 422	73	11. 6
1071. 469	73	7. 2
1071. 516	66	3. 2
1071. 562	66	0
1072. 703	1	0
1072. 75	1	0. 8
1072. 797	1	3. 6
1072. 844	1	8
1072. 906	2	8. 4
1072. 953	2	8. 4
1073	35	7. 2
1073. 047	35	0. 4
1073. 109	15	0
1075. 422	6	0

发动机转速	车速	转矩
1075.516	8	7.2
1075.625	8	10.8
1075.703	25	10.8
1075.766	25	11.2
1075.844	36	13.2
1075.937	40	11.2
1076.047	44	8.4
1076.078	45	7.6
1076.141	45	7.2
1076.187	42	7.2
1076.234	42	8.4
1076.281	42	8.8
1076.328	42	8.8
1076.391	45	9.2
1076.437	45	16
1076.5	52	20.8
1076.562	52	25.6
1076.625	56	30.8
1076.672	56	40.4
1076.719	57	43.2
1076.75	57	44.4
1076.797	62	44.4
1076.844	62	42.8
1076.891	61	42
1076.953	61	41.6
1077	60	41.6
1077.062	60	42
1077.109	59	42

发动机转速	车速	转矩
1077. 156	59	42. 8
1077. 203	58	44
1077. 266	58	48. 8
1077. 312	59	52. 8
1077. 359	59	57. 2
1077. 406	56	62
1077. 453	56	69. 6
1077. 516	58	72. 4
1077. 547	58	74. 8
1077. 609	56	76. 8
1077. 656	56	78. 4
1077. 703	54	78. 4
1077. 75	54	78. 4
1077. 797	51	78. 4
1077. 859	51	81. 2
1077. 906	52	84. 8
1077. 953	52	88. 4
1078	50	92. 4
1078. 062	50	99. 2
1078. 125	50	100
1078. 172	50	100
1078. 219	48	100
1078. 266	48	100
1078. 312	46	100
1078. 359	46	100
1078. 906	42	100
1078. 953	42	99. 6
1079. 016	41	99. 2

发动机转速	车速	转矩
1079.047	41	98
1079.094	39	98
1079.156	39	97.6
1079.203	39	97.6
1079.266	39	97.2
1079.297	36	97.2
1079.359	36	97.2
1079.422	37	97.2
1079.453	37	97.2
1079.531	36	97.2
1079.578	36	97.2
1079.625	36	97.2
1079.672	36	97.2
1079.719	35	97.2
1079.766	35	97.2
1079.812	33	97.2
1079.859	33	97.2
1079.906	33	97.2
1079.953	33	97.2
1080.016	33	97.2
1080.047	33	98
1080.109	33	98.8
1080.156	33	98.8
1080.203	32	99.2
1080.266	32	99.2
1080.328	32	99.2
1080.375	32	99.2
1080.422	32	99.2

发动机转速	车速	转矩
1080.516	31	99.2
1080.609	31	99.2
1080.719	31	98.4
1080.75	31	98
1080.844	31	97.6
1080.906	32	97.6
1080.937	32	97.2
1081.047	31	96.8
1081.094	33	96.8
1081.156	33	96
1081.187	32	94.8
1081.25	32	94
1081.297	31	94
1081.359	31	94
1081.406	32	94
1081.437	32	94.4
1081.5	26	94.4
1081.547	26	94.4
1081.594	42	94.4
1081.656	42	94
1081.719	34	94
1081.766	34	94
1081.812	30	94
1081.875	30	93.6
1081.906	37	93.2
1081.953	37	93.2
1082.016	33	92.8
1082.062	33	92

发动机转速	车速	转矩
1082.109	37	91.6
1082.156	37	91.6
1082.219	36	91.6
1082.25	36	91.2
1082.297	36	91.2
1082.344	36	91.2
1082.406	37	91.2
1082.453	37	91.2
1082.516	37	91.2
1082.547	37	91.2
1082.641	36	91.2
1082.703	38	91.2
1082.75	38	91.2
1082.812	36	91.2
1082.844	36	90.8
1082.891	39	90.8
1082.937	39	90.8
1082.984	36	90.4
1083.031	36	90
1083.094	38	89.6
1083.141	38	89.2
1083.172	37	88.8
1083.234	37	88.4
1083.297	37	88.4
1083.344	37	88
1094.984	42	38.4
1095.031	41	43.6
1095.078	41	52

发动机转速	车速	转矩
1095.141	41	55.2
1095.172	41	57.2
1095.203	40	57.6
1095.25	40	57.6
1095.312	39	57.6
1095.359	39	57.6
1095.406	40	57.6
1095.437	40	57.6
1095.5	39	57.6
1095.609	39	56
1095.656	39	52
1095.703	39	50
1095.75	39	48.8
1095.797	37	48.4
1095.859	37	47.2
1095.937	38	46.8
1096.016	38	46.8
1096.062	38	46.4
1096.109	37	46.4
1096.156	37	46.4
1096.219	37	46.4
1096.25	37	46.4
1096.312	36	46.4
1096.359	36	46.4
1096.406	36	46.4
1096.453	36	46
1096.531	37	45.6
1096.578	37	45.2

发动机转速	车速	转矩
1096.625	34	45.2
1096.672	34	45.2
1096.719	38	45.2
1096.766	38	44.8
1096.828	35	44.8
1096.875	35	45.2
1096.906	36	45.2
1096.969	36	45.6
1097.031	36	46.8
1097.078	36	51.2
1097.109	35	54.4
1097.172	35	58
1097.219	37	61.6
1097.266	37	68
1097.312	36	70.8
1097.359	36	74
1097.422	36	77.2
1097.453	36	81.6
1097.516	36	82.4
1097.547	36	82.8
1097.594	35	83.6
1097.656	35	84
1097.687	38	84
1097.75	38	83.6
1097.797	36	83.2
1097.844	36	80
1097.906	37	77.6
1097.953	37	76

发动机转速	车速	转矩
1098	36	74. 4
1098. 047	36	73. 2
1098. 094	36	72. 8
1098. 156	36	71. 2
1098. 203	37	69. 2
1098. 25	37	66. 8
1098. 297	37	66. 8
1098. 344	37	66. 8
1098. 406	36	66. 8
1098. 453	36	65. 6
1098. 5	36	64. 8
1098. 547	36	64. 4
1098. 609	37	64
1098. 656	37	63. 2
1098. 703	36	63. 2
1098. 75	36	63. 2
1098. 812	37	63. 2
1098. 859	37	63. 2
1098. 922	36	63. 2
1098. 969	36	63. 2
1099. 031	38	63. 2
1099. 062	38	64. 8
1099. 109	36	66
1099. 156	36	67. 2
1099. 187	37	68. 4
1099. 25	37	70. 8
1099. 312	37	72
1099. 359	37	74

发动机转速	车速	转矩
1099.406	36	75.6
1099.453	36	78.4
1099.516	37	79.2
1099.562	37	79.6
1099.594	36	79.6
1099.641	36	80.4
1099.703	37	80.4
1099.75	37	81.2
1099.828	37	81.6
1099.859	37	83.2
1099.906	37	83.2
1099.953	37	83.6
1100	37	84.4
1100.062	37	85.6
1100.094	38	86
1100.156	38	86
1100.203	37	86.4
1100.25	37	86.8
1100.297	39	86.8
1100.344	39	86.8
1100.391	38	86.8
1100.453	38	86.8
1100.5	38	86.8
1100.594	36	86.4
1100.625	36	85.6
1100.687	39	85.2
1100.734	39	84.4
1100.781	38	84

发动机转速	车速	转矩
1100. 828	38	82. 8
1100. 906	38	82. 4
1100. 937	38	82
1100. 984	40	82
1101. 047	40	82
1101. 078	39	82
1101. 141	39	82
1101. 187	39	82
1101. 25	39	82
1101. 297	39	82
1101. 344	39	82
1101. 391	38	82
1101. 437	38	82
1101. 484	41	82
1101. 562	41	82
1101. 594	37	81. 6
1101. 625	37	81. 6
1101. 687	39	81. 6
1101. 734	39	81. 6
1101. 797	39	81. 6
1101. 828	39	82
1101. 891	38	82
1101. 937	38	82
1101. 984	38	82
1102. 031	38	81. 6
1102. 078	39	81. 6
1102. 125	39	80. 8
1102. 187	37	79. 6

发动机转速	车速	转矩
1102. 234	37	76
1102. 297	39	74. 4
1102. 328	39	73. 6
1102. 391	39	73. 2
1102. 437	39	72. 8
1102. 484	38	72. 8
1102. 547	38	72. 4
1102. 594	38	72
1102. 625	38	69. 2
1102. 687	40	68
1102. 75	40	68
1102. 812	39	67. 6
1102. 844	39	65. 6
1102. 906	38	62. 8
1102. 937	38	58. 4
1102. 984	39	54. 4
1103. 031	39	50
1103. 094	38	48. 8
1103. 141	38	48
1103. 187	39	47. 6
1103. 25	39	48
1103. 297	38	48. 4
1103. 344	38	48. 8
1103. 391	38	48. 8
1103. 437	38	48. 8
1103. 5	40	48. 8
1103. 531	40	48. 8
1103. 594	38	48. 4

发动机转速	车速	转矩
1103. 641	38	48. 4
1103. 687	36	48. 4
1103. 75	36	48. 4
1103. 797	38	48. 4
1103. 844	38	48
1103. 891	39	46. 8
1103. 937	39	45. 6
1104	39	44. 8
1104. 047	39	42
1104. 094	36	40
1104. 141	36	39. 6
1104. 187	39	39. 6
1104. 234	39	39. 6
1104. 281	39	40
1104. 328	39	40. 8
1104. 391	37	42
1104. 453	37	43. 6
1104. 5	38	43. 6
1104. 531	38	43. 2
1104. 594	39	43. 2
1104. 641	39	42. 4
1104. 687	36	42
1104. 734	36	41. 6
1104. 812	37	41. 6
1104. 844	37	41. 2
1104. 891	39	41. 2
1104. 937	39	41. 2
1104. 984	36	41. 2

发动机转速	车速	转矩
1105. 047	36	41. 6
1105. 078	39	42
1105. 219	37	42
1105. 328	37	41. 6
1105. 656	37	37. 6
1105. 75	37	38
1105. 875	37	38
1105. 906	35	38
1105. 937	35	38
1105. 984	37	38
1106. 031	37	37. 6
1106. 094	37	37. 2
1106. 125	37	36
1106. 187	37	35. 6
1106. 234	37	34
1106. 281	36	32. 8
1106. 344	36	32
1106. 391	37	32
1106. 453	37	31. 6
1106. 5	37	31. 6
1106. 562	37	32
1106. 609	36	32
1106. 656	36	32. 4
1106. 703	36	33. 2
1106. 766	36	34
1106. 812	40	34. 4
1106. 875	40	36. 8
1106. 906	36	38. 4

发动机转速	车速	转矩
1106. 937	36	40. 8
1106. 984	38	42
1107. 031	38	46
1107. 094	36	46. 8
1107. 141	36	46. 4
1107. 234	36	44. 4
1107. 281	36	44
1107. 328	36	43. 6
1107. 391	38	43. 2
1107. 453	38	43. 6
1107. 516	35	44. 4
1107. 562	35	45. 6
1107. 609	37	46. 4
1107. 672	37	48
1107. 719	38	48. 8
1107. 766	38	50. 4
1107. 828	36	52
1107. 859	36	54
1107. 906	36	54. 4
1107. 937	36	55. 2
1107. 984	37	56. 4
1108. 047	37	59. 2
1108. 094	35	60. 4
1108. 141	35	62
1108. 187	36	63. 6
1108. 25	36	66. 8
1108. 297	36	69. 2
1108. 344	36	72. 4

发动机转速	车速	转矩
1108.391	36	75.6
1108.453	36	82.4
1108.516	36	85.6
1108.578	36	88.4
1108.609	36	91.2
1108.687	36	96.8
1108.734	37	100
1108.797	37	100
1108.844	37	100
1108.891	37	100
1108.937	37	100
1108.969	37	100
1109	36	100
1109.062	36	100
1109.109	37	100
1109.156	37	100
1109.203	37	100
1109.25	37	100
1109.297	37	100
1109.344	37	100
1109.406	37	100
1109.453	37	100
1109.5	38	100
1109.547	38	100
1109.609	37	100
1109.656	37	100
1109.703	37	100
1109.766	37	100

发动机转速	车速	转矩
1109. 812	37	100
1109. 859	37	100
1109. 906	37	100
1109. 953	37	100
1110. 016	37	100
1110. 078	37	100
1110. 109	37	100
1110. 203	37	100
1110. 297	38	100
1110. 531	38	100
1110. 641	37	100
1110. 734	37	100
1110. 844	37	100
1110. 891	37	100
1110. 937	37	100
1111	37	100
1111. 047	37	100
1111. 109	37	100
1111. 156	37	100
1111. 234	37	100
1111. 266	37	100
1111. 312	37	100
1111. 359	37	100
1111. 422	37	100
1111. 469	37	100
1111. 516	37	100
1111. 562	37	100
1111. 625	36	100

发动机转速	车速	转矩
1111. 672	36	100
1111. 734	38	100
1111. 766	38	100
1111. 828	36	100
1111. 875	36	100
1111. 937	38	100
1111. 984	38	100
1112. 031	37	100
1112. 078	37	100
1112. 141	37	100
1112. 172	37	100
1112. 219	37	100
1112. 281	37	100
1112. 344	37	100
1112. 375	37	100
1112. 437	37	100
1112. 484	37	100
1112. 531	37	100
1112. 578	37	100
1112. 641	37	100
1112. 687	37	100
1112. 75	37	100
1112. 812	37	100
1112. 859	37	100
1112. 906	37	100
1112. 937	37	100
1112. 969	37	100
1113. 016	37	100

发动机转速	车速	转矩
1113. 047	37	100
1113. 094	37	100
1113. 156	37	100
1113. 187	37	100
1113. 25	37	100
1113. 297	37	92
1113. 344	37	88
1113. 406	37	87. 2
1113. 437	37	87. 6
1113. 5	36	87. 2
1113. 547	36	87. 2
1113. 594	37	86. 4
1113. 641	37	82. 8
1113. 703	36	78. 4
1113. 75	36	71. 6
1113. 797	37	62. 8
1113. 844	37	52. 4
1113. 906	37	56
1113. 953	37	63. 6
1114	37	70. 4
1114. 062	37	80. 4
1114. 109	37	84. 4
1114. 172	37	86. 8
1114. 234	37	86. 8
1114. 297	37	82. 8
1114. 344	36	80. 4
1114. 375	36	78
1114. 437	37	76. 4

发动机转速	车速	转矩
1114.484	37	75.2
1114.547	37	75.2
1114.578	37	75.2
1114.625	37	75.2
1114.687	37	76.8
1114.766	37	78.4
1114.797	37	80.8
1114.891	36	84
1114.937	36	89.2
1114.984	37	90.8
1115.016	37	91.6
1115.047	37	91.6
1115.078	37	90.8
1115.109	36	90.4
1115.203	37	88.8
1115.234	37	87.2
1115.297	36	85.6
1115.547	36	79.2
1115.625	37	79.2
1115.75	37	78.8
1115.828	37	78.4
1115.859	37	78
1115.937	37	77.6
1115.984	37	77.6
1116.031	37	77.2
1116.094	37	77.2
1116.141	38	76.8
1116.172	38	77.2

发动机转速	车速	转矩
1116. 234	37	77. 6
1116. 281	37	78
1116. 328	38	78
1116. 391	38	78
1116. 437	38	78. 4
1116. 484	38	78. 8
1116. 531	37	78. 8
1116. 578	37	78. 8
1116. 641	38	78. 8
1116. 672	38	78. 4
1116. 734	37	78. 4
1116. 797	37	78. 4
1116. 828	37	78. 4
1116. 891	37	78. 4
1116. 922	38	78. 4
1116. 953	38	78. 4
1117	37	78. 4
1117. 031	37	78. 4
1117. 078	37	78. 4
1117. 141	37	78
1117. 187	39	77. 6
1117. 234	39	76. 8
1117. 297	37	76. 8
1117. 344	37	76. 8
1117. 406	38	76. 8
1117. 453	38	76. 8
1117. 5	38	76. 8
1117. 531	38	76. 8

发动机转速	车速	转矩
1117. 594	37	76. 8
1117. 641	37	76. 8
1117. 703	38	77. 2
1117. 766	38	77. 2
1117. 812	37	77. 2
1117. 859	37	77. 2
1117. 906	39	77. 2
1117. 953	39	77. 2
1118. 016	37	77. 2
1118. 062	37	77. 2
1118. 125	38	76. 8
1118. 156	38	76. 8
1118. 219	37	76. 8
1118. 266	37	76. 8
1118. 312	38	76. 8
1118. 375	38	76. 8
1118. 422	38	76. 4
1118. 484	38	75. 2
1118. 547	37	75. 2
1118. 578	37	75. 2
1118. 625	38	75. 2
1118. 672	38	74. 4
1118. 703	38	74
1118. 75	38	74
1118. 797	36	74
1118. 844	36	74
1118. 891	37	74
1118. 953	37	74

发动机转速	车速	转矩
1119	38	74
1119.047	38	74
1119.094	36	74
1119.156	36	74.4
1119.203	37	74.4
1119.266	37	74.8
1119.297	36	74.8
1119.344	36	74.8
1119.406	37	74.8
1119.453	37	74.8
1119.5	38	75.2
1119.547	38	75.2
1119.609	37	75.2
1119.672	37	75.2
1119.703	38	75.2
1119.75	38	75.6
1119.812	37	75.6
1119.844	37	75.6
1119.922	37	75.6
1119.953	37	75.6
1120.016	38	75.6
1120.047	38	75.6
1120.109	37	75.6
1120.203	37	75.6
1120.547	37	75.6
1120.641	37	75.6
1120.766	37	75.2
1120.812	37	75.2

发动机转速	车速	转矩
1120.891	37	75.2
1120.937	36	75.2
1120.984	36	75.2
1121.047	37	75.2
1121.094	37	75.2
1121.141	37	75.2
1121.187	37	75.2
1121.25	37	75.2
1121.312	37	75.2
1121.359	37	75.2
1121.422	37	75.2
1121.469	37	75.2
1121.516	37	75.2
1121.562	37	75.2
1121.625	37	75.2
1121.672	37	75.2
1121.719	37	75.2
1121.766	38	75.2
1121.828	38	75.2
1121.875	37	75.2
1121.906	37	75.2
1121.953	37	75.2
1121.984	37	75.2
1122.016	38	75.2
1122.047	38	75.2
1122.109	37	74.8
1122.156	37	74.4
1122.203	37	74

发动机转速	车速	转矩
1122.25	37	72.8
1122.297	37	72.8
1122.344	37	72.8
1122.406	37	72.8
1122.437	37	72.4
1122.5	37	72.4
1122.531	37	72.8
1122.594	37	73.6
1122.641	37	74.4
1122.703	38	74.4
1122.75	38	74.4
1122.797	37	74.4
1122.844	37	74.4
1122.906	37	74.4
1122.953	37	74.4
1123	38	74
1123.047	38	73.2
1123.125	38	73.2
1123.172	38	73.2
1123.234	37	72.8
1123.281	37	72
1123.328	38	71.6
1123.375	38	71.6
1123.437	38	71.6
1123.484	38	71.6
1123.516	38	71.6
1123.562	38	71.6
1123.609	37	71.6

发动机转速	车速	转矩
1123.641	37	71.6
1123.703	37	71.6
1123.766	37	72
1123.797	38	72.4
1123.859	38	74.4
1123.906	37	75.2
1123.953	37	75.6
1124	38	75.6
1124.047	38	76
1124.109	37	76
1124.141	37	76
1124.187	37	76
1124.266	37	73.6
1124.312	37	72.4
1124.359	37	72
1124.406	37	72
1124.453	37	72
1124.5	37	72
1124.547	37	72
1124.625	37	72
1124.672	37	72.4
1124.75	37	72.8
1124.797	37	73.2
1124.844	37	73.2
1124.906	37	73.2
1124.937	36	73.6
1124.969	36	74
1125	37	74.4

发动机转速	车速	转矩
1125.047	37	74.8
1125.109	38	74.4
1125.187	37	74
1125.312	36	73.2
1125.406	37	72.4
1125.531	38	70.8
1125.625	37	70
1125.734	37	70
1125.797	37	70
1125.844	37	70
1125.906	37	70
1125.953	37	70
1126	37	70
1126.047	37	70
1126.109	37	70
1126.141	37	70
1126.203	36	70
1126.25	36	70
1126.297	38	69.6
1126.344	38	69.2
1126.391	37	69.2
1126.437	37	69.2
1126.531	37	69.2
1126.594	37	69.2
1126.641	37	68.8
1126.687	37	66
1126.75	37	64
1126.797	37	61.6

发动机转速	车速	转矩
1126.859	37	58.8
1126.891	37	55.2
1126.937	37	54.8
1126.969	37	54.8
1127.016	36	54.8
1127.062	36	54.8
1127.109	36	54.8
1127.141	36	55.2
1127.187	37	55.6
1127.25	37	57.6
1127.328	38	60.8
1127.391	37	62.4
1127.437	37	63.6
1127.5	37	63.2
1127.531	37	62.8
1127.594	38	62.4
1127.641	38	62
1127.703	38	62
1127.75	38	62
1127.812	36	61.6
1127.859	36	61.6
1127.906	37	61.6
1127.953	37	61.6
1128	38	61.6
1128.047	38	60
1128.125	37	59.2
1128.172	37	59.2
1128.219	37	59.6

发动机转速	车速	转矩
1128.281	37	59.6
1128.312	38	60
1128.359	38	60.4
1128.406	37	61.2
1128.453	37	63.6
1128.5	37	64.4
1128.547	37	64.8
1128.594	37	64.8
1128.641	37	66
1128.703	38	66.8
1128.75	38	67.6
1128.797	37	68
1128.859	37	66.8
1128.922	37	66
1128.969	37	65.2
1129.016	37	65.2
1129.078	37	65.2
1129.125	38	65.2
1129.187	38	65.2
1129.234	38	65.2
1129.312	38	64.4
1129.359	37	64
1129.406	37	63.2
1129.469	38	62.8
1129.516	38	62.8
1129.562	37	62.8
1129.625	37	62.8
1129.672	38	62.4

发动机转速	车速	转矩
1129. 719	38	62. 4
1129. 781	37	62. 4
1129. 828	37	62. 4
1129. 875	37	62. 8
1129. 922	37	63. 2
1129. 969	38	63. 6
1130	38	63. 6
1130. 031	37	63. 6
1130. 062	37	63. 2
1130. 125	37	63. 2
1130. 156	37	62. 8
1130. 203	37	62. 4
1130. 297	38	62. 4
1130. 406	36	62. 4
1130. 437	36	62. 4
1130. 547	37	62. 8
1130. 641	38	63. 2
1130. 75	36	63. 2
1130. 812	37	63. 2
1130. 844	37	63. 2
1130. 906	38	63. 2
1130. 953	38	63. 2
1131	37	63. 2
1131. 047	37	63. 2
1131. 094	38	63. 2
1131. 141	38	63. 2
1131. 187	37	63. 2
1131. 25	37	63. 2

发动机转速	车速	转矩
1131. 281	37	63. 2
1131. 344	37	63. 2
1131. 406	36	63. 2
1131. 453	36	63. 2
1131. 5	37	63. 2
1131. 547	37	63. 2
1131. 594	37	63. 2
1131. 656	37	63. 2
1131. 719	37	63. 2
1131. 781	37	63. 2
1131. 828	37	63. 2
1131. 859	37	63. 2
1131. 922	37	63. 2
1131. 984	37	63. 6
1132. 031	36	64
1132. 078	36	64. 4
1132. 125	38	64. 4
1132. 172	38	64. 4
1132. 219	37	64. 4
1132. 281	37	64. 4
1132. 359	36	64. 4
1132. 422	37	64. 4
1132. 469	37	64. 4
1132. 516	37	64. 4
1132. 562	37	64. 4
1132. 609	37	64. 4
1132. 656	37	64. 4
1132. 703	37	64. 4

发动机转速	车速	转矩
1132. 766	37	64. 4
1132. 828	37	64. 4
1132. 859	37	64. 8
1132. 906	37	64. 8
1132. 953	37	64. 8
1133	37	64. 8
1133. 047	37	64. 8
1133. 094	37	64. 8
1133. 141	37	65. 2
1133. 187	37	65. 6
1133. 25	37	65. 6
1133. 297	38	65. 6
1133. 344	38	65. 6
1133. 406	38	65. 6
1133. 453	38	65. 6
1133. 5	36	65. 6
1133. 547	36	65. 6
1133. 594	37	66
1133. 656	37	66. 8
1133. 719	37	67. 2
1133. 766	37	67. 2
1133. 828	37	67. 2
1133. 875	37	67. 6
1133. 922	37	68
1133. 953	37	68
1134	38	68
1134. 047	38	67. 2
1134. 094	37	66. 4

发动机转速	车速	转矩
1134.156	37	65.6
1134.203	37	64
1134.25	37	52.8
1134.297	38	41.6
1134.344	38	25.2
1134.406	37	8.4
1134.453	37	0
1194.125	34	0
1194.172	34	4.8
1194.234	34	11.6
1194.281	34	27.6
1194.328	34	34
1194.375	34	37.6
1194.422	35	40.4
1194.469	35	42.8
1194.531	35	43.2
1194.562	35	43.2
1194.625	36	43.2
1194.672	36	43.6
1194.734	36	44.8
1194.781	36	46
1194.844	35	47.6
1194.891	35	49.2
1194.937	35	50
1195.031	35	54
1195.062	35	56.8
1195.109	35	56.8
1195.156	35	57.2

发动机转速	车速	转矩
1195.203	35	56.8
1195.25	35	56.8
1195.344	34	56.8
1195.391	33	56.8
1195.469	33	57.2
1195.516	32	57.2
1195.562	32	58
1195.609	32	58.8
1195.656	32	61.6
1195.703	31	63.6
1195.766	31	65.6
1195.812	32	67.6
1195.859	32	70
1195.906	32	70
1195.953	32	70.4
1196	32	70.4
1196.031	32	70
1196.094	32	70
1196.125	32	70
1196.203	33	70
1196.25	33	70.4
1196.281	33	71.2
1196.344	33	73.2
1196.406	33	75.6
1196.453	33	82
1196.516	33	85.2
1196.562	33	88
1196.594	32	89.6

发动机转速	车速	转矩
1196. 656	32	90. 4
1196. 719	32	90. 4
1196. 766	32	90. 4
1196. 812	32	90. 4
1196. 859	32	90. 4
1196. 922	33	90. 4
1196. 953	33	90. 4
1197. 016	35	90. 4
1197. 062	35	90. 4
1197. 094	32	90. 4
1197. 141	32	90. 4
1197. 203	31	90. 4
1197. 25	31	90
1197. 297	35	88. 8
1197. 344	35	86. 4
1197. 391	45	83. 6
1197. 453	45	78
1197. 5	44	76. 8
1197. 547	44	76. 8
1197. 594	50	76. 8
1197. 625	50	76. 8
1197. 687	55	76. 8
1197. 75	55	76. 4
1197. 797	59	76. 4
1197. 844	59	76
1197. 891	67	75. 6
1197. 937	67	74. 8
1198	67	73. 2

发动机转速	车速	转矩
1198.047	67	69.6
1198.109	67	68
1198.156	67	67.2
1198.187	68	66.8
1198.25	68	66
1198.297	68	66
1198.359	68	66
1198.406	67	66.4
1198.437	67	68
1198.5	66	68
1198.547	66	67.2
1198.594	66	66
1198.641	66	64.8
1198.687	67	64.8
1198.766	67	64.8
1198.812	65	65.2
1198.859	65	64.4
1198.906	67	63.6
1198.937	67	63.2
1199.016	67	62.8
1199.047	67	62.8
1199.094	67	62
1199.141	67	61.2
1199.203	67	60.4
1199.234	67	59.6
1199.312	67	59.6
1199.359	67	59.6
1199.406	67	59.6

发动机转速	车速	转矩
1199.453	67	59.6
1199.5	68	60
1199.531	68	60
1199.594	67	60.4
1199.625	67	60.8
1199.687	68	60.8
1199.75	68	60.8
1199.781	68	60.8
1199.844	68	62
1199.891	68	62.4
1200	71	62.4
1200.031	71	62.8
1200.094	73	62.8
1200.125	73	62.8
1200.187	76	62.8
1200.234	76	62.8
1200.297	78	62.4
1200.344	78	62.4
1200.391	82	62.4
1200.437	82	62.4
1200.484	85	62.4
1200.531	85	62.4
1200.578	88	62.4
1200.656	88	62
1200.703	92	62
1200.75	92	62
1200.797	94	62
1200.844	94	62

发动机转速	车速	转矩
1200.875	98	62
1200.937	98	61.2
1201	99	60.4
1201.031	99	59.6
1201.094	104	59.6
1201.141	104	59.6
1201.187	108	58.8
1201.234	108	56.4
1201.281	109	56
1201.344	109	56
1201.406	110	56.8
1201.469	110	56.8
1201.516	111	56.4
1201.562	111	55.6
1201.625	111	55.6
1201.672	111	55.6
1201.719	111	55.6
1201.766	111	55.6
1201.812	111	55.2
1201.859	111	54.4
1201.906	111	53.2
1201.953	111	52.4
1202.016	110	50.8
1202.047	110	47.6
1202.109	109	45.6
1202.141	109	44
1202.203	108	42.4
1202.234	108	41.6

发动机转速	车速	转矩
1202.312	92	41.6
1202.359	92	41.6
1202.422	69	42
1202.469	69	43.2
1202.531	60	43.6
1202.562	60	43.6
1202.625	63	43.6
1202.656	63	44
1202.703	66	44.4
1202.75	66	45.2
1202.828	65	45.6
1202.859	65	45.6
1202.906	96	45.6
1202.953	96	46
1203	90	46.8
1203.031	90	48
1203.094	90	48
1203.125	90	48
1203.187	93	47.6
1203.234	93	47.6
1203.297	96	47.6
1203.328	96	47.6
1203.406	94	47.2
1203.422	94	46.4
1203.5	95	46.4
1203.547	95	47.2
1203.609	94	47.6
1203.656	94	47.6

发动机转速	车速	转矩
1203.719	90	47.6
1203.766	90	47.6
1203.812	94	47.6
1203.859	94	47.6
1203.922	92	47.6
1203.969	92	47.6
1204.031	93	47.6
1204.062	93	47.6
1204.125	92	48
1204.172	92	48
1204.219	92	48.8
1204.25	92	49.6
1204.328	94	49.6
1204.375	94	48.8
1204.437	97	48.4
1204.469	97	47.6
1204.531	97	47.2
1204.562	97	46.8
1204.609	94	46
1204.656	94	44.8
1204.703	91	45.2
1204.75	91	45.6
1204.812	89	46
1204.859	89	46.8
1204.906	85	47.2
1204.969	85	47.6
1205.016	89	48
1205.047	89	48

发动机转速	车速	转矩
1205. 109	92	48
1205. 156	92	48
1205. 203	95	48
1205. 234	95	47. 2
1205. 297	93	47. 2
1205. 344	93	47. 2
1205. 391	95	47. 2
1205. 437	95	47. 2
1205. 5	92	47. 2
1205. 547	92	47. 2
1205. 594	92	47. 2
1205. 641	92	47. 2
1205. 703	92	47. 2
1205. 75	92	47. 2
1205. 812	92	47. 2
1205. 844	92	47. 2
1205. 906	92	47. 2
1205. 937	92	47. 2
1206	92	47. 2
1206. 047	92	47. 2
1206. 094	91	47. 2
1206. 125	91	47. 2
1206. 219	92	47. 2
1206. 281	92	47. 2
1206. 344	92	47. 2
1206. 406	92	47. 6
1206. 484	92	48. 4
1206. 531	92	48. 8

发动机转速	车速	转矩
1206.609	92	49.2
1206.672	92	49.6
1206.719	95	50
1206.75	95	50.4
1206.828	98	50.4
1206.859	98	50
1206.906	98	50
1206.953	98	50
1207.016	97	50
1207.031	97	50
1207.094	96	50.4
1207.125	96	50.4
1207.187	96	50.4
1207.219	96	50
1207.266	97	50
1207.297	97	50
1207.359	97	50
1207.391	97	50
1207.453	94	50
1207.5	94	50
1207.531	95	50.4
1207.578	95	50.4
1207.609	95	50
1207.641	95	50.4
1207.687	97	50.8
1207.734	97	51.6
1207.797	96	52.4
1207.844	96	53.6

发动机转速	车速	转矩
1207.891	97	54
1207.922	97	54
1207.984	49	54
1208.031	49	54.4
1208.094	48	56
1208.141	48	59.2
1208.187	42	62.8
1208.25	42	66
1208.312	47	65.6
1208.359	47	65.2
1208.406	51	64.8
1208.469	51	64.8
1208.516	53	64.4
1208.562	53	64.4
1208.609	54	64.4
1208.672	54	64.4
1208.719	58	64
1208.766	58	64
1208.844	62	63.6
1208.875	62	63.6
1208.891	67	63.6
1208.937	67	63.6
1208.984	71	63.6
1209.047	71	63.2
1209.094	70	62.8
1209.156	70	62.4
1209.187	69	62.4
1209.234	69	62.4

发动机转速	车速	转矩
1209.297	70	62.4
1209.344	70	62.4
1209.391	70	62.4
1209.453	70	62
1209.516	70	62
1209.625	71	62
1209.719	71	61.6
1210.047	78	59.6
1210.141	83	59.6
1210.266	78	59.6
1210.312	74	59.6
1210.359	74	59.6
1210.422	68	59.6
1210.469	68	59.6
1210.516	66	59.6
1210.578	66	59.6
1210.625	61	59.6
1210.672	61	59.6
1210.719	59	59.6
1210.781	59	59.6
1210.828	68	59.6
1210.859	68	59.2
1210.906	62	58
1210.953	62	57.2
1210.984	56	57.2
1211.047	56	60
1211.094	63	60.4
1211.125	63	59.2

发动机转速	车速	转矩
1211. 172	63	58
1211. 25	63	57. 6
1211. 281	63	57. 6
1211. 344	63	57. 6
1211. 375	56	57. 6
1211. 437	56	58
1211. 484	67	58
1211. 531	67	58
1211. 594	66	58
1211. 641	66	58. 8
1211. 687	65	59. 2
1211. 734	65	59. 2
1211. 797	66	59. 2
1211. 844	66	59. 2
1211. 875	66	59. 2
1211. 922	66	59. 2
1211. 984	69	59. 2
1212. 031	69	59. 2
1212. 094	68	59. 2
1212. 125	68	59. 2
1212. 187	67	59. 2
1212. 234	67	58. 8
1212. 297	67	58. 4
1212. 328	67	58. 4
1212. 406	65	58. 8
1212. 453	65	58. 4
1212. 5	65	58. 4
1212. 547	65	58. 4

发动机转速	车速	转矩
1212. 594	66	58.4
1212. 641	66	58.4
1212. 687	65	58.4
1212. 766	65	58.4
1212. 812	65	58.4
1212. 859	65	58.4
1212. 906	66	58.4
1212. 937	66	58
1212. 984	64	58
1213. 047	64	58.4
1213. 094	64	58
1213. 141	64	58
1213. 187	63	58
1213. 234	63	58
1213. 297	62	58
1213. 344	62	57.6
1213. 391	61	57.6
1213. 453	61	57.6
1213. 516	60	57.6
1213. 562	60	57.6
1213. 609	59	57.6
1213. 656	59	57.2
1213. 703	56	57.2
1213. 766	56	56.8
1213. 828	57	56.8
1213. 891	57	56.8
1213. 937	56	56.8
1213. 969	56	56.8

发动机转速	车速	转矩
1214.016	54	56.8
1214.062	54	56.8
1214.125	55	56.8
1214.156	55	56.8
1214.234	55	56.8
1214.281	55	56.8
1214.344	53	56.8
1214.375	53	56.8
1214.437	53	56.8
1214.484	53	56.8
1214.547	53	56.8
1214.625	53	56.4
1214.734	53	56.4
1215.031	54	56.4
1215.125	54	56.4
1215.219	55	56.4
1215.281	55	56.4
1215.328	55	56.4
1215.375	61	56.4
1215.422	61	56
1215.484	60	56
1215.547	60	56
1215.578	63	56
1215.641	63	56
1215.687	65	56
1215.75	65	56
1215.781	66	55.6
1215.844	66	54.4

发动机转速	车速	转矩
1215. 875	71	54. 4
1215. 953	71	54. 4
1216. 016	71	54. 8
1216. 062	71	55. 2
1216. 125	75	55. 2
1216. 172	75	55. 2
1216. 219	79	55. 2
1216. 266	79	54. 8
1216. 312	82	54. 8
1216. 359	82	54. 8
1216. 422	83	54. 8
1216. 469	83	54. 8
1216. 531	86	54. 8
1216. 578	86	54. 8
1216. 625	84	54. 8
1216. 687	84	54. 8
1216. 719	83	54. 8
1216. 781	83	54. 8
1216. 828	82	54. 8
1216. 859	82	54. 8
1216. 891	81	54. 8
1216. 937	81	54. 8
1216. 984	82	54. 8
1217. 016	82	54. 8
1217. 078	82	54. 8
1229. 094	109	41. 6
1229. 141	109	41. 6
1229. 203	109	41. 2

发动机转速	车速	转矩
1229. 25	107	41. 2
1229. 297	107	40. 8
1229. 359	105	40. 4
1229. 391	105	40
1229. 453	104	39. 6
1229. 484	104	39. 2
1229. 547	101	38. 8
1229. 641	99	36. 4
1229. 75	95	32. 4
1229. 859	87	32
1229. 906	87	32
1229. 969	76	32
1230. 047	72	32. 8
1230. 156	65	32. 8
1230. 203	59	32. 8
1230. 234	59	32. 4
1230. 281	52	32. 4
1230. 328	52	32
1230. 375	45	30. 8
1230. 422	45	28. 4
1230. 484	42	26. 8
1230. 547	42	26
1230. 578	37	25. 2
1230. 641	37	24. 4
1230. 672	38	24. 4
1230. 75	38	24
1230. 797	30	23. 6
1230. 859	30	23. 6

发动机转速	车速	转矩
1230.891	28	23.2
1230.937	28	23.2
1231	26	23.2
1231.031	26	23.2
1231.109	23	23.2
1231.156	23	23.2
1231.234	21	23.2
1231.266	21	23.2
1231.328	19	23.2
1231.375	19	23.2
1231.437	18	23.2
1231.469	18	23.2
1231.516	16	23.2
1231.578	16	23.2
1231.656	14	23.2
1231.687	14	24.4
1231.75	12	24.8
1231.766	12	24.8
1231.828	13	24.8
1231.859	13	24.8
1231.891	12	24.8
1231.937	12	24.8
1231.984	11	24.8
1232.031	11	24.8
1232.094	10	24.8

参考文献

[1] 陈龙．混合动力电动汽车动力性与经济性分析［D］．武汉理工大学，2008.

[2] 陈萍．并联混合动力汽车动力总成控制策略的仿真研究［D］．吉林大学，2007.

[3] 甘守武，陈志军，张楠．单排行星齿轮机构动力传递方式分析方法［J］．重庆电子工程职业学院学报，2011，No.4：151-153.

[4] 刘文杰．混联型混合动力汽车控制策略优化研究［D］．重庆大学，2007.

[5] 罗玉涛，陈营生．混合动力两级行星机构动力耦合系统动力学建模及分析［J］．机械工程学报，2012，No.5：70-75.

[6] 彭栋，殷承良，张建武．混合动力汽车制动力矩动态分配控制策略研究［J］．系统仿真学报，2007，22：5254-5259.

[7] 蒲斌．混合动力汽车参数设计及电机控制系统仿真［D］．重庆大学，2003.

[8] 濮良贵，纪名刚．机械设计［M］．高等教育出版社，2011.186-235.

[9] 秦朝举，袁丽娟．混合动力汽车的研究现状与发展前景［J］．山东交通科技，2008，No.10904：97-100.

[10] 戎喆慈．混合动力汽车现状与发展［J］．农业装备与车辆工程，2008，No.20407：5-8.

[11] 沈同全，程夕明，孙逢春．混合动力汽车的发展趋势［J］．农业装备与车辆工程，2006，03：7-10.

[12] 孙恒，陈作模，葛文杰．机械原理［M］．高等教育出版社，2006：174-185.

[13] 王伟．并联混合动力汽车驱动电机的调节和匹配［D］．吉林大学，2007.

[14] 王伟达，项昌乐，韩立金等．机电符合传动系统综合控制策略［J］．机械工程学报，2011，No.20：152-158.

[15] 魏跃远，林逸，林程等．车辆混合动力系统的结构分析与动力控制［J］．

公路交通科技，2006，No. 11：133-136.

[16] 吴伟岸. 混合动力汽车动力系统参数选择及匹配研究 [D]. 合肥工业大学，2005.

[17] 伍国强，秦大同，胡建军等. 混合动力行星齿轮传动系统方案及参数匹配研究 [J]. 机械设计，2009，No. 6：60-63.

[18] 游国平. 并联式混合动力汽车方案设计与仿真 [D]. 重庆大学，2007.

[19] 于永涛. 混联式混合动力车辆优化设计与控制 [D]. 吉林大学，2010.

[20] 曾小华，王庆年，王伟华. 混合动力汽车能耗最优数学建模与仿真 [J]. 系统仿真学报，2007，18：4309-4311.

[21] 张勇，陈宝，邓国红，张志远. 混合动力汽车控制策略研究进展 [J]. 重庆工学院学报（自然科学版），2008，No. 13202：10-15+19.

[22] 邹乃威，王庆年，刘金刚等. 混合动力汽车行星机构动力耦合装置控制研究 [J]. 中国机械工程，2010，No. 23：2847-2851.

[23] 邹乃威，章二平，任友存等. 混合驱动系统动力耦合机构分类研究 [J]. 农机化研究，2011，4：200-203.